KB195675

초보자를 위한

이끼 수첩

일러두기

- 이 책의 원서는 2024년 5월 일본에서 출간되었으며, 우리나라에 자생하지 않거나 국명(한글명)이 없는 이끼에 대한 정보를 포함하고 있습니다.
- 국명이 없는 이끼의 경우 일문명을 한글로 음차했으며, 이끼를 의미하는 '고케' 또한 살려서 표기했습니다. 일문명 이끼에 대한 정보를 추가로 검색하고자 하실 경우 함께 실려 있는 학명을 참고하시길 바랍니다.
- 국명 및 국문 과명으로의 번역은 환경부 국립생물자원관에서 배포한 「2023 국가생물종목록」을 참고했습니다. 다만 「2023 국가생물종목록」에서의 일부 분류나 학명 등이 원서와 다를 경우, 가급적 원서의 표기를 따랐습니다. 이는 분류법의 발전으로 기존의 학명·속명·과명이 계속 바뀌고 있으며 이 중 어떤 표기를 채용할지는 연구자 개개인의 판단에 따른다는 점, 그리고 저자가 최신 자료를 꾸준히 참고했다는 점을 고려했기 때문입니다(129쪽 칼럼 '털깃털이끼과에 털깃털이끼가 없다?' 참조).

271종으로 만나는 무한한 이끼의 세계

초보자를 위한

이끼 수첩

후지이 히사코 지음 | **아키야마 히로유키** 감수 | **김수정** 옮김

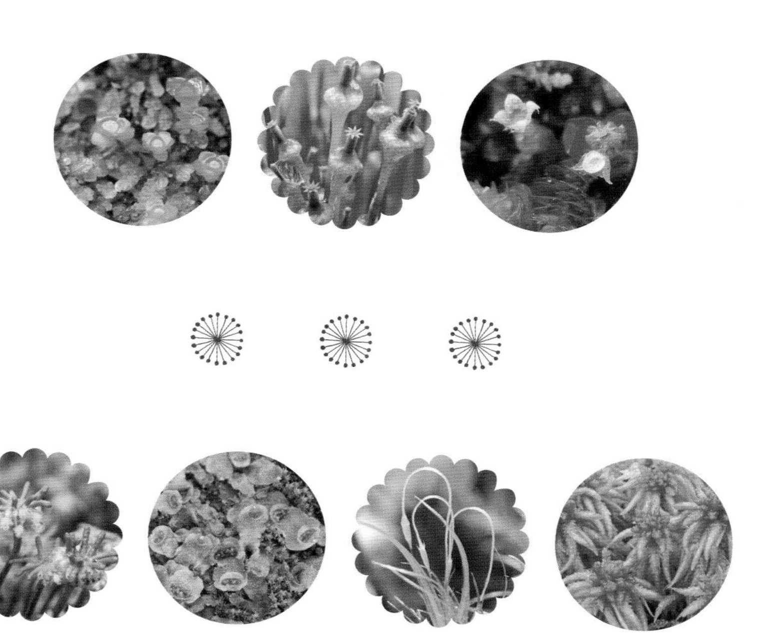

시그마북스
Sigma Books

초보자를 위한 이끼 수첩

발행일 2025년 3월 6일 초판 1쇄 발행
지은이 후지이 히사코
감수자 아키야마 히로유키
옮긴이 김수정
발행인 강학경
발행처 시그마북스
마케팅 정제용
에디터 양수진, 최연정, 최윤정
디자인 강경희, 김문배, 정민애

등록번호 제10-965호
주소 서울특별시 영등포구 양평로 22길 21 선유도코오롱디지털타워 A402호
전자우편 sigmabooks@spress.co.kr
홈페이지 http://www.sigmabooks.co.kr
전화 (02) 2062-5288~9
팩시밀리 (02) 323-4197
ISBN 979-11-6862-322-4 (13480)

들어가며

처음 이끼를 의식하고 살펴보기 시작한 것은 20대 후반 무렵으로, 야쿠시마의 숲에서 가이드에게 루페를 빌렸을 때입니다. 루페로 들여다본 지상은 마치 보석을 박아 놓은 듯이 선명하게 반짝이고 있었죠. 그 순간, 저는 누군가에게 힘껏 끌어당겨진 것처럼 느닷없이 이끼의 세계에 빠지게 되었습니다.

그로부터 20년 정도가 지났지만, 이끼를 향한 흥미, 애정, 존경은 여전히 끝이 없습니다. 저와 비슷한 시절에 이끼에 사로잡혀 함께 루페 아래 이끼의 세계를 즐기는 동료들이 있었기에 제 인생은 더욱 재밌어졌습니다.

이 책의 초판은 2017년에 출판되었습니다. 이끼 관찰에 흥미를 갖는 분들이 매년 늘어 가는 덕에 출판 후 오랫동안 큰 사랑을 받았습니다. 그래서 조금 더 알찬 내용을 담고자 이번 기회에 개정증보판을 집필하게 되었습니다.

이끼는 크기가 매우 작아서, 정확한 이름을 알고 싶다면 현미경으로 세포의 모양까지 확인해야 합니다. 이끼의 세계에서는 이러한 관찰이 일반적입니다. 하지만 현미경이 없는 초심자 대부분에게는 어림없는 이야기이기도 하죠.

그래서 이 책은 이러한 초심자를 위해서 현장에서 이끼를 구별하는 법, 이끼를 구별할 때 살펴야 하는 포인트에 대한 해설을 포함해 특징이 분명해서 맨눈이나 루페로도 구분하기 쉬운 이끼, 우리 주변에서 쉽게 발견할 수 있고 반복적으로 접하다 보면 대강 종을 짐작할 수 있는 이끼를 중심으로 소개할 예정입니다. 또한, 이끼 관찰 경험이 있는 중급자가 헷갈리기 쉬운 근연종(생물의 분류에서 가장 가까운 유연관계를 일컫는 말-옮긴이)과 구별하는 법, 관찰하는 눈을 키우면 발견하기 쉬워지는 이끼의 정보도 싣는 등 활자로만 된 설명을 포함해 총 271종의 이끼를 소개합니다. 칼럼의 주제도 모두 새로 썼으니 꼭 한번 읽어 보시길 바랍니다.

한편 루페만으로는 도저히 구별하기 어려운 이끼에 대해서는 이번에도 솔직하게 '루페로는 판별이 어려움'이라고 썼습니다. 현장에서 괜히 시간과 힘을 뺏기지 않았으면 하는 바람 때문입니다.

약 5억 년 전에 탄생하여 지금도 모든 환경에서 왕성하게 번식을 이어가는 신기한 식물, 이끼. 빛과 어우러져 빚어내는 다채로운 초록빛 반짝임, 몸 구석구석에 숨겨진 기능미, 계절이나 기후에 따른 화려한 변신 등으로 곁에서 관찰하는 사람에게 놀라움과 기쁨을 주고, 상상력을 불러일으키며, 마음에 특별한 고요와 해방감을 가져다줍니다. 그럴 때면 마치 이끼의 마법에 홀린 듯한 기분마저 들지요.

이름을 알아내려고만 하다 보면 무심코 잊기 쉬운데, 이끼가 선사하는 아름다운 한때도 함께 만끽하시길 바랍니다. 그리고 이 책이 그에 도움이 될 수 있기를 바랍니다.

차례

선류

태류

각태류

사계절로 보는 이끼의 세계

평소 조용하던 이끼들이
포자를 날리기 위해 가장 약동하는 계절.
쑥쑥, 삐죽삐죽, 폭신폭신.
참으로 활기차고 즐거워 보이지 않나요?

우산이끼

뱀밥철사이끼

표주박이끼

물우산대이끼

오자고케

부채이끼과 친구들

마당뿔이끼

둥근귀이끼
큰잎풍경이끼
지붕빨간이끼
아기들덩굴초롱이끼
초록우산대이끼과 친구들
구슬이끼

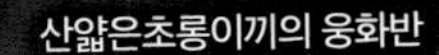

산얇은초롱이끼의 웅화반

고마치고케 웅화반이 달린 수그루 군락

물이끼 배우체 1대에서
여러 개의 포자체가 나온다

여름 Summer

장마 무렵, 이끼의 수그루는 아름다운 '꽃'을 피웁니다.
한여름, 길가의 이끼 대부분은 더위와 건조로 휴면에 들어갑니다.
한편, 숲에서는 여름의 건조한 바람을 이용해
포자를 날려 보내는 이끼도 있습니다.

두깃우산이끼 웅기탁이 달린 수그루 군락

담뱃잎이끼
비가 내리면 밝은 녹색이지만, 건조하면 갈색으로 변신한다

알꼴좀벼슬이끼 포자체가 달린 군락

들솔이끼 포자체가 달린 군락

가을 Autumn

비가 내리고,
마침내 이끼가 초록빛을 되찾았다고 생각했더니,
어느샌가 포자체나 무성아가 자라나 있네요.
이렇게 이끼는 새로운 보금자리를 늘려 갑니다.
가을의 이끼는 바쁩니다.

야마토쓰노고케모도키 포막에 싸인 포자체

털긴금털이끼 포자체가 달린 군락

쓰가고케 포자체가 달린 군락

너구리꼬리이끼 포자체가 달린 군락

비늘우산대이끼 포자체가 달린 군락

은이끼
잎이 연결된 부분에 구형의 무성아가 잔뜩 달려 있다

사자이끼
줄기 끝부분에 무성아가 많이 달려 있다

아기패랭이우산이끼
엽상체 가장자리에 무성아가 달려 있다

덩굴초롱이끼
얼음으로 뒤덮여도 시들지 않고 계속 살아간다

간하타케고케
추운 겨울 논밭에 나타난다

겨울 Winter

색채를 잃은 지면 위에 '이제는 우리의 계절!'
이라는 듯이 빛을 발하는 이끼가 있습니다.
눈 아래에서도 시들지 않고 굳건하게 살아가는 이끼도 있습니다.
겨울에야말로 이끼의 강한 생명력을 목격할 수 있습니다.

기비노당고고케
한겨울에 포자를 산포한다

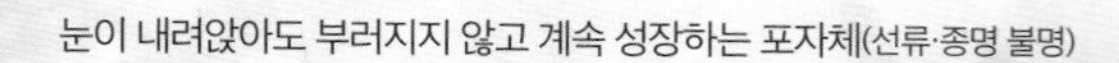
눈이 내려앉아도 부러지지 않고 계속 성장하는 포자체(선류·종명 불명)

이끼를 구별하기 위한 3단계

야외에서 이끼를 발견하면 반드시 알고 싶어지는 것이 그것의 이름이다. 하지만 과연 당신이 보고 있는 그것이 진짜 이끼일까? 이끼를 구별하기 위해서는 우선 이끼에 대해 조금 공부하고, 몇 단계의 순서를 거쳐, 그 이끼의 정보를 찾아보도록 하자.

이끼와 이끼 닮은꼴을 구별하는 법

이끼란?

이끼와 만나기 위해 야외로 나온 사람이 가장 먼저 넘어야 할 장벽이 있다. 이끼와 이끼 비슷하게 생긴 이끼 닮은꼴을 구별하는 일이다. 이 벽을 넘지 못하면 앞으로 이끼 종을 구별할 수조차 없다.

지금부터 소개할 '이끼'는 식물분류학에서 '선태류'라고 불리는 육상식물의 한 계통이다. 한편 '이끼 닮은꼴'이란 선태류와 크기도 비슷하고 주로 자라는 장소도 비슷한, 자그마한 종자식물이나 양치식물, 혹은 지의류(조류와 균류가 공생하는 신기한 생물), 조류, 균류 등을 말한다. 이미 이끼에 관한 서적을 몇 권 읽었거나 집에서 이끼를 키우고 있어서 '이끼가 익숙한 사람'이라도, 막상 필드에 나와 보면 이끼 닮은꼴과 이끼를 혼동하는 일이 의외로 많다.

옛날엔 다 '이끼'라고 불렀다

일본의 경우 사실 식물분류학이 본격적으로 연구되기 시작한 시기는 에도시대 후기다. 그 이전에는 선태류뿐만 아니라 지면이나 나무줄기에 털처럼 자라는, 구분하기 어려운 아주 작은 생물을 모두 '이끼(일본어로는 고케 - 옮긴이)'라고 불렀다. 한자로는 '木毛(나무털)' 혹은 '小毛(작은 털)'라고 썼다고 한다. 그러던 가운데 중국에서 '苔(태)'와 '蘚(선)'이라는 한자가 전해졌고, 여기에 '고케'라는 음을 붙여 각각의 한자를 이끼를 의미하는 글자로 썼다. 시간이 흘러 식물학자들이 '이끼의 조건'을 규정하는데, 이후부터는 이를 충족하는 식물만을 '선태류'라는 이름으로 분류하기 시작했다.

그래서 지금까지도 양치식물이나 지의류는 옛날식 이름의 영향으로 '○○이끼(고케)'라는 식으로 이름에 '이끼(고케)'가 들어가는 경우가 많다. 이름에 이끼가 들어가지만 학술적으로는 이끼가 아니라니, 어쩐지 이상한 이야기가 아닐 수 없다.

이끼로 자주 오해받는
이끼 닮은꼴들

비늘이끼(양치식물)

지면을 덮듯이 자라기 때문에
이끼와 헷갈리기 쉽다.

개미자리(종자식물)

길 가장자리 틈에서 자주 발견된다.
길이는 1~2cm 정도이며, 봄과 여름
에는 작고 하얀 꽃이 핀다.

처녀이끼(양치식물)

이름처럼 이끼 같은 분위기를
풍기는 작은 양치식물

오랑캐꽃말(녹조류)

물속이 아니라 육지에서 평생을 보내는 기생
조류. 이끼나 곰팡이와 자주 혼동된다.

매화나무지의(지의류)

이끼처럼 나무줄기에 서식하지만, 이끼보다
흰색 혹은 회색빛이 돌고 만지면 단단하다.

'이끼'의 조건

아마 이끼 초심자들은 앞 장의 사진을 보고 지금까지 이끼라고 알고 있던 것들이 이끼가 아니라는 사실에 깜짝 놀랐을 것이다. 옛날 사람들이 뭉뚱그려 '이끼'라고 부를 수밖에 없었을 만큼 이끼와 이끼 닮은꼴은 정말 비슷하다. 언뜻 봐서는 어디가 다른지 알 수 없다.

그렇다면 이제 이끼가 이끼라고 불릴 수 있는 조건, 선태류만의 특징을 알아볼까?

혼자서는 살 수 없는 연약한 집단

이끼는 육상식물 중에서도 '원시적인 식물'이라고 알려져 있다. 왜냐하면 흙에서 물이나 양분을 흡수하는 뿌리와 그것들을 온몸으로 전달하는 관다발을 갖추고 있지 않을 정도로 몸의 구조가 단순하기 때문이다. 이끼의 몸은 기본적으로 잎과 줄기, 두 가지로 구성되어 있다(아래 그림). 뿌리에 해당하는 기관은 없지만, 뿌리와 같은 역할을 하는 헛뿌리를 가지고 있다. 헛뿌리는 털과 같은 형태로 몸을 지표에 고정하는 것이 주요한 역할이다. 땅에서 물이나 양분을 흡수하는 기능은 거의 없다.

그리고 대부분 잎을 구성하는 세포가 한 층뿐이라 매우 얇아서 건조에 취약하다. 이러한 까닭에 크게 성장하지 못하고 혼자서는 서 있을 수 없을 정도로 연약하다. 그래서 이끼 대부분은 서로 붙어 자라 군락을 이루고 서로의 몸을 지탱하며 살아간다. 그럼으로써 생명 유지에 필요한 물을 보다 넓은 면적에서 흡수할 수 있다.

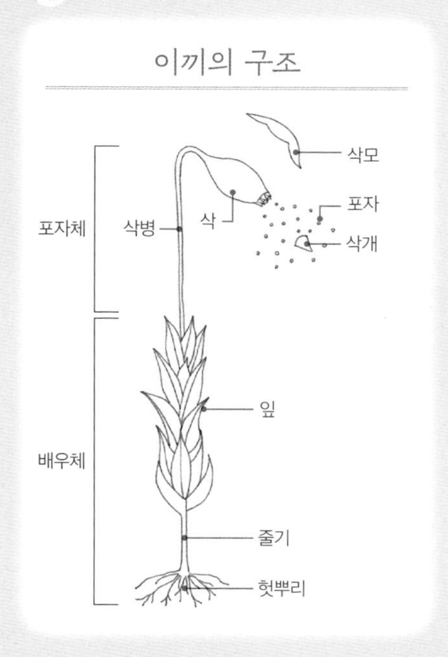

어디서든 자란다

흙에서 양분이나 물을 얻기 위한 뿌리가 없는 이끼는 빗물이나 빗물에 포함된 양분을 잎이나 줄기의 표면을 통해 직접 흡수한다. 달리 말하면, 흙이 없어도 살아갈 수 있다는 의미이다. 이끼는 흙을 생명의 기반으로

하는 다른 육상식물이 진출하지 못하는 바위나 나무줄기는 물론 아스팔트나 철제 간판과 같은 인공물에서도 살아갈 수 있다.

그리고 이처럼 특별한 보금자리를 가질 수 있는 것은 이끼만의 또 다른 독특한 성질과 관련이 있다. 바로 주위의 습도 변화에 따라 체내 세포의 함수율, 즉 수분이 들어 있는 비율이 바뀐다는 점이다(전문용어로 '변수성'이라고 한다).

이끼는 습도가 높은 환경에서는 몸 표면에서 수분을 머금어 광합성이나 호흡 등의 생명 유지 활동을 한다. 반대로 주위 환경이 건조하면 스스로 건조해진다. 재밌는 점은 건조해지면 생명 유지 활동을 멈추고 휴면 상태에 들어간다는 것이다.

그렇게 건조 시에는 조용히 휴면인 채로 지내다가 다시 수분을 얻을 수 있게 되면 재빠르게 온몸으로 수분을 흡수해서 광합성을 재개한다. 더위가 심한 여름이나 너무 건조한 겨울에는 시들어서 바싹 마른 이끼를 볼 수 있는데, 그 모습이 바로 휴면 중인 모습이다.

이러한 특징 덕분에 이끼는 고산지대나 남극과 같은 혹독한 환경에서도 군락을 넓히는 것이 가능하다. 이 지구상에서 이끼의 보금자리가 되지 못할 곳은 바닷속과 사막 정도뿐이다.

물을 주면 생기는 변화

건조해서 휴면 상태에 들어간 늦은서리이끼

분무기로 물을 주면…

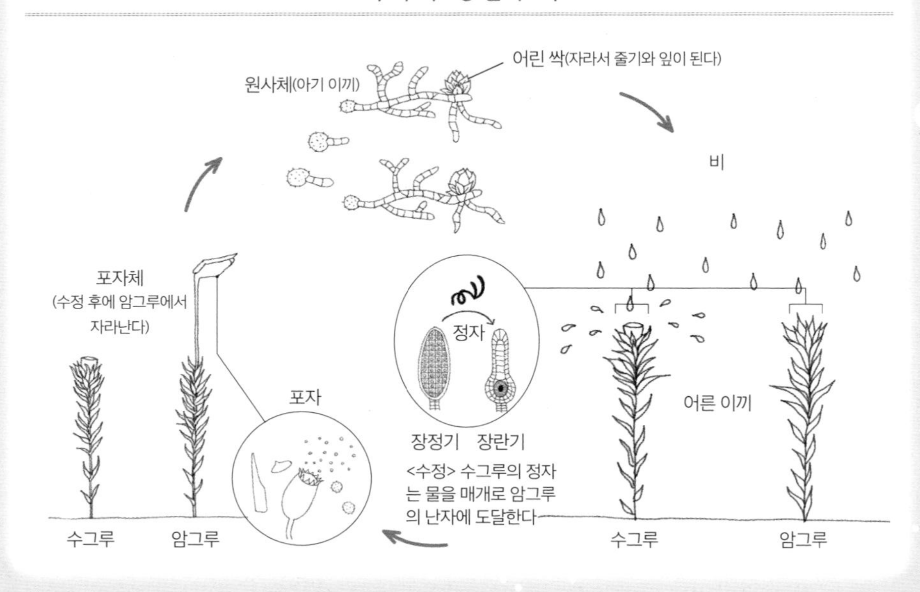

이끼의 다양한 번식법

아직 소개하지 않은 이끼의 특징이 있는데, 이끼는 꽃과 씨앗이 없고 홀씨로 개체를 늘린다는 것이다.

수그루의 정자가 빗물 등을 매개로 암그루 체내에 도달해서 난자와 만나면, 배가 생겨난다. 배는 암그루에서 양분을 얻어 포자체로 성장한다(20쪽의 '이끼의 구조' 참조). 포자체가 자라는 계절은 봄 혹은 가을인 경우가 많다. 포자체의 끝에는 삭이라는 항아리 모양의 기관이 달려 있고, 이 안에는 무수히 많은 포자가 들어 있다. 성숙한 포자는 삭 밖으로 방출되어 바람을 타고 여행을 떠난다. 그러다 내려앉은 장소가 자라기에 적합하면, 발아해 아기 이끼인 원사체가 되어 실처럼 가늘고 긴 모양으로 퍼진다. 원사체가 성장해 곳곳에서 싹이 트면 마침내 하나의 그루가 된다.

하지만 혹독한 자연에서 이처럼 언제나 수그루와 암그루가 만나 유성생식할 수 있는 것은 아니다. 수그루와 암그루가 가까이 있지 않아 수정할 기회조차 없는 경우도 많다. 그래서 이끼는 자신의 줄기와 잎이나 무성아인 개체 일부를 분리해서 무성적으로 개체 수를 늘리는 영양번식도 수시로 한다. 영양번식은 유성생식보다도 에너지가 더 적게 들고, 더 빠르게 서로를 지탱할 군락을 확실하게 만들 수 있다는 큰 장점이 있다.

무성아는 잎이 붙어 있는 부분이나 초록색 부분에 자주 생기며, 이끼의 종에 따라 그 형태는 각각의 개성을 드러낸다. 이끼를 구분할 때의 중요한 단서가 되기도 한다.

영양생식 이모저모

줄기 끝이 떨어진다(야마토후데고케)

알맹이 모양의 무성아(은이끼)

잎 모양 몸의 초록색 부분이 잘려 나간 듯한 프릴 모양의 무성아(가는물우산대이끼)

컵 모양의 무성아기에 장구 모양의 무성아가 들어가 있다(제니고케)

겉모습으로 알 수 있는 이끼의 특징

그럼, 마지막으로 단계 1의 내용 정리를 위해 겉모습으로 알 수 있는 이끼의 특징을 간단히 적어 보겠다. 이 중에서 4개 이상 해당한다면 그 식물은 선태류일 가능성이 매우 높다.

- ☐ 색이 녹색 계열(심녹색~황록색)이다.
- ☐ 잎이 비쳐 보일 정도로 얇다.
- ☐ 잎과 줄기의 구분이 가능하다.
- ☐ 떼어 냈을 때 땅에 뿌리가 없고 쏙 빠진다.
- ☐ 줄기를 꺾어도 가닥(관다발)이 없다.
- ☐ 시들어 버린 듯한 상태에서도 물을 주면 초록빛이 되살아난다.
- ☐ 포자체가 있다.
- ☐ 무성아가 있다.

※ 대부분의 종에 해당하는 겉모습 특징을 기재했다. 개중에는 예외인 이끼도 있다. 각종 상세 사항은 도감 부분을 참조하길 바란다.

선류와 태류 구분하는 법

이끼 눈을 장착했다면 루페를 사용해 보자

실제로 흙바닥에 쭈그리고 앉거나 바위나 나무 기둥에 바싹 얼굴을 붙여 이끼를 찾기 시작하면, 시간이 지나면서 눈에 들어오는 이끼의 수가 점점 늘어난다. 그러다 보면 마치 눈앞에 새로운 세계가 펼쳐지는 듯한 즐거움을 느낄 수 있게 된다. 이는 눈이 작은 물체를 보는 데에 익숙해져 '이끼 눈'이 되었다는 증거다.

그렇다면, 다음은 루페를 사용해 더욱 미세한 세계를 들여다보자. 이끼를 볼 때 루페는 절대 빠질 수 없는 도구다. 일단 루페가 없으면 이끼 관찰이 시작되지 않는다. 배율이 반드시 10~20배율인 루페를 준비하자. 대형 문구점, 잡화점, 인터넷 등에서 몇만 원대로 구매할 수 있다.

루페 사용법

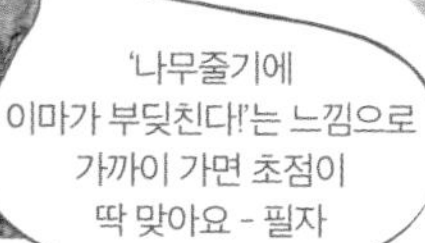

❶ 루페는 안경을 쓸 때처럼 반드시 눈에 딱 붙인다.

❷ 이끼에 초점이 맞을 때까지 얼굴을 바닥이나 나무 기둥에 가까이 가져간다. 얼굴을 가까이 대기 어렵다면 손가락 끝으로 아주 조금 집어서 본다.

주의 손가락으로 집은 이끼는 원래 서식 장소에 되돌려 놓고, 위에서 살짝 눌러 주세요.

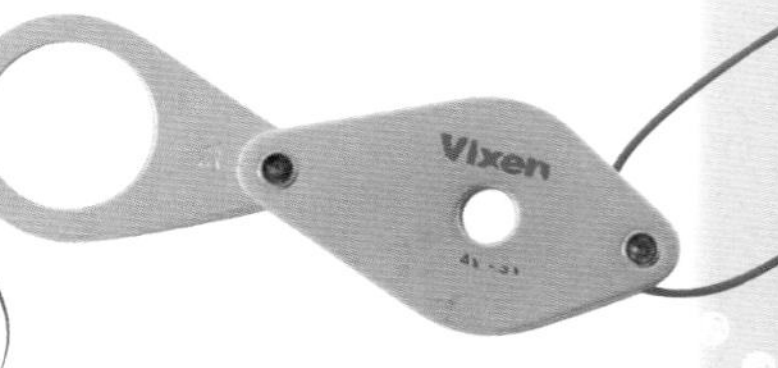

루페는 끈을 달아 목에 매면 편리해요.

선류 · 태류 · 각태류

선태류는 육상식물 중 한 그룹이라고 앞서 언급했는데, 더욱 세부적인 특징에 따라 '선류', '태류', '각태류(뿔이끼류)', 이렇게 3가지로 분류한다. 그중에서도 선류의 종 수가 가장 많고, 한국에는 약 622종이 서식한다고 알려져 있다. 다음으로 많은 것이 태류로, 약 277종이 있다. 각태류는 선류, 태류와 비교하면 확연히 그 수가 적으며, 한국에는 4종뿐이라서 보통 거의 찾아보기 힘들다. 이 세 그룹을 통틀어 한국에는 약 900종의 선태류가 자란다. 참고로 전 세계적으로는 약 2만 종이 알려져 있다.

이끼 하면 솔이끼(선류)나 우산이끼(태류) 등 몇 가지만 떠올리는 사람이 많을 텐데, 사실 이끼는 이렇게 종도 많고, 생태도 다양하다.

선류와 태류를 구분하는 방법

그렇지 않아도 작디작은데, 이렇게나 종 수가 많다니. 그 많은 종 중에 어떤 이끼인지 판별하는 일은 사막에서 바늘 찾기처럼 막막한 이야기처럼 들린다. 그러나 일단 루페를 이용해 이끼가 선류인지 태류인지 구분하는 것부터 시작해 보자. 사실 선류와 태류는 잎사귀 한 장을 보기만 해도 구분할 수 있다.

또 몸의 전체적인 형상이나 포자체의 구조 등, 선류와 태류를 바로 구분할 수 있는 포인트가 그 외에도 몇 가지가 있다. 자세히는 다음 페이지에 정리해 두었으니 꼭 참고하길 바란다.

이끼를 잘 구분하기 위해서는 우선 주변의 이끼를 정점관찰(특정 지점에서 움직이지 않고 머무르며 관찰하는 것 - 옮긴이) 할 것을 추천한다. 자연적인 환경을 찾기 힘든 도심에 사는 사람이라도 걱정할 필요 없다. 주택가 벽돌담, 도로의 가로수, 회사 건물 옥상, 자주 산책하러 가는 공원의 흙, 당신 주변 어딘가에서 반드시 이끼는 자라나고 있다. 정점관찰의 장점은 여러 번 다니면서 바싹 말랐을 때와 촉촉이 물기를 머금었을 때의 차이나 포자체가 갖춰졌을 때의 모습 등 관찰하는 이끼를 구분할 힌트를 많이 얻을 수 있다는 것이다.

그럼, 루페를 들고 밖으로 나가 보자.

선류

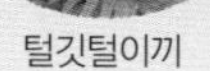

털깃털이끼

모든 종이 줄기와 잎이 구별이 가는 경엽체이다.
그중에서 줄기가 포복하는 타입과 줄기가 직립하는 타입이 있다.

들솔이끼

포복하는 타입

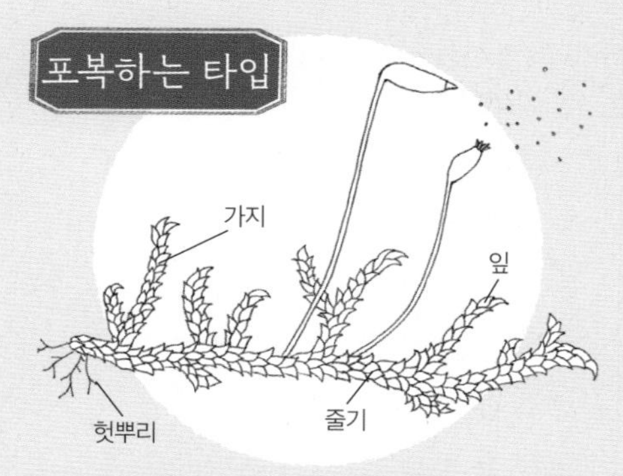

※ 포복하는 종은 포자체가 줄기 중간에서 여러 개 자란다.

직립하는 타입

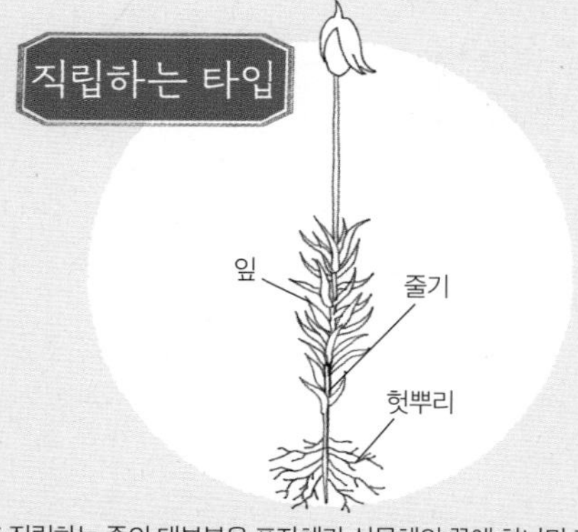

※ 직립하는 종의 대부분은 포자체가 식물체의 끝에 하나만 자란다.

포자체

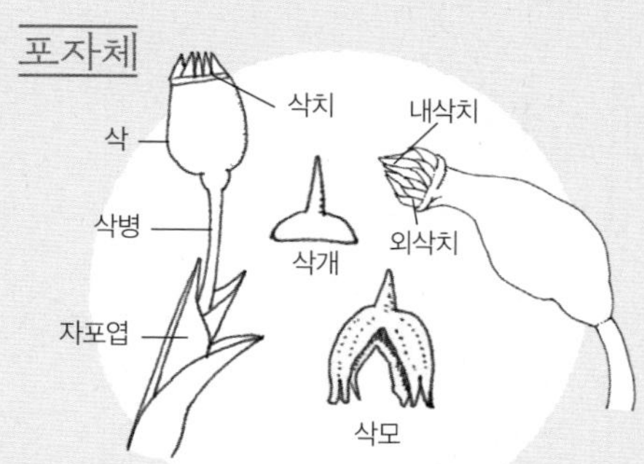

포자가 성숙할 때까지 삭을 보호하기 위한 삭모와 삭개가 있다. 또, 삭의 개구부에는 포자의 산포량과 산포 타이밍을 조절하는 삭치가 있다. 포복하는 종은 삭치가 2열로 되어 있는 경우가 많다.

잎

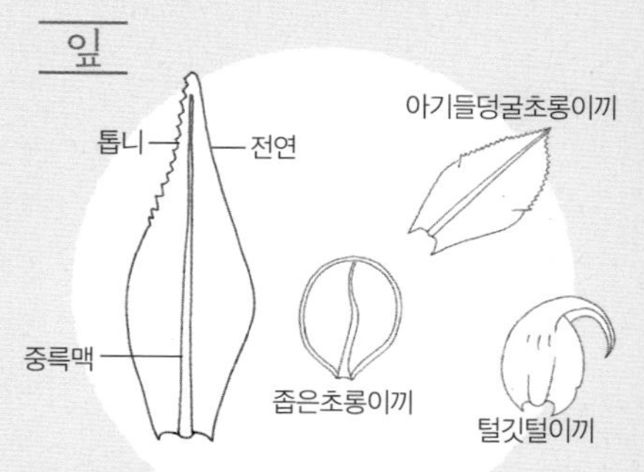

기본적으로 잎의 중앙에 중륵맥이 있다(드물게 씨앗도 있다). 형태는 제각각이지만, 잎끝이 뾰족한 것이 많다. 또, 잎 가장자리에 톱니가 있는 것과 없는 것(전연)이 있다.

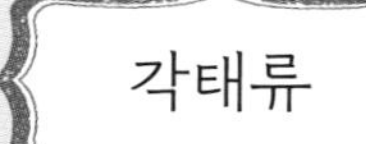

각태류

줄기와 잎이 구별되지 않는 엽상체로, 엽상체 안에는 남조류가 공생한다. 뿔 모양의 삭이 보이지 않으면 발견하기가 상당히 어렵다.

나가사키쓰노고케

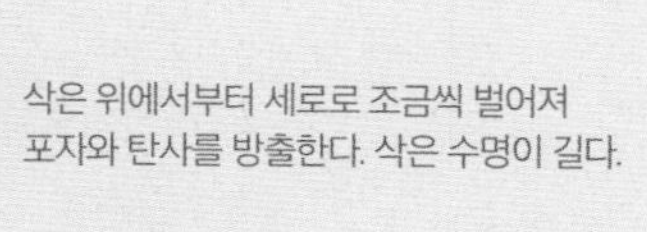

삭은 위에서부터 세로로 조금씩 벌어져 포자와 탄사를 방출한다. 삭은 수명이 길다.

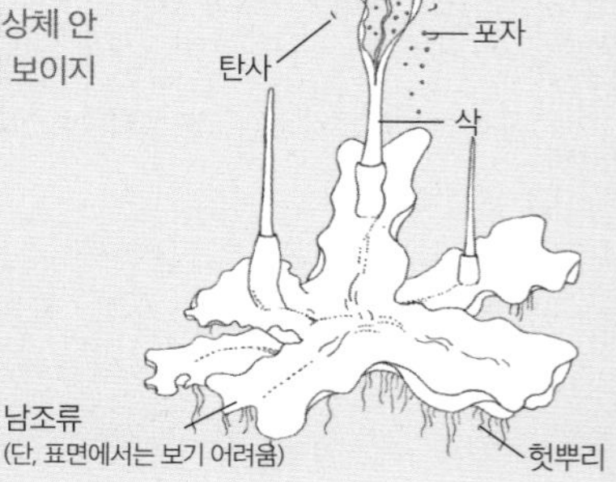

태류

가는물우산대이끼

종의 대부분이 크기가 작다. 줄기와 잎이 있는 경엽체와 몸 전체가 잎처럼 편평한 엽상체가 있다.

큰망울이끼

엽상체

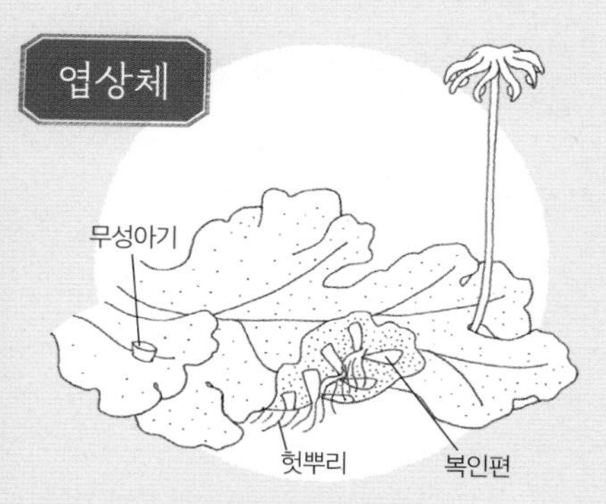

※ 복인편은 경엽체의 잎에 해당한다.

경엽체

포자체

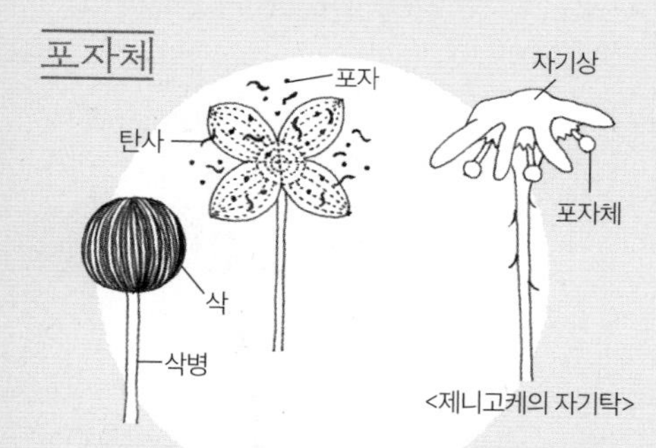

삭은 구형이나 타원형이 많다. 그 안의 포자가 성숙하면 흑갈색으로 변하고, 마침내 벌어져 포자와 탄사를 한 번에 방출한다. 방출한 다음에는 수일 안에 썩어서 형태가 없어지는 경우가 많다.

잎

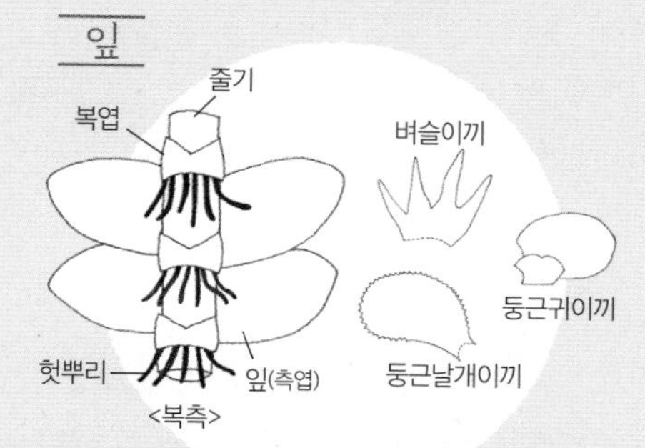

잎(측엽)에는 중륵맥이 없다. 잎끝은 둥근 형태, 톱니 형태, 깊게 팬 형태 등 형태가 다양하다. 또, 줄기 복측(기물에 붙어 있는 쪽)에 복엽이라고 불리는 제3의 잎이 달려 있는 종도 있다.

구분할 때 도움이 되는 선류와 태류의 체크리스트

선류

다음 중 하나라도 해당한다면 틀림없이 선류다.

- ☐ 잎에 중륵맥이 있다
- ☐ 삭병의 색이 적갈색 혹은 황색이다
- ☐ 삭에 삭치가 있다
- ☐ 오래된 포자체가 썩지 않고 남아 있다

태류

다음 중 하나라도 해당한다면 틀림없이 태류다.
단, ★는 각태류일 가능성도 있다.

- ☐ 잎에 찢긴 모양이 있다
- ☐ 삭병은 투명하고 가늘며, 수일 안에 썩어 사라진다
- ☐ 식물체는 엽상체이다★

step 3

'이끼 주변' 정보 수집과 이끼 이름 짓기에 도전!

'이끼 주변'도 눈여겨보기

이끼를 루페로 관찰한 다음에는 그 이끼가 자라난 장소(전문용어로 '생육 기물'이라고 한다)와 자라는 환경도 반드시 확인해 두자.

왜냐하면 이끼는 장소를 가리지 않고 어디에서든 자라는 것처럼 보이지만, 사실 종마다 생육 조건이 분명하게 정해져 있어 각기 자기 기호에 맞는 생육 기물·생육 환경에서만 자란다. 예를 들어, 같은 숲속에서도 바위나 나무에서는 자라는 이끼의 종이 확연히 다르기도 하고, 같은 나무 한 그루에서조차 뿌리 부분과 나무줄기, 약간의 습도와 햇볕의 차이에 따라 자라는 이끼가 달라진다. 따라서 이끼뿐만 아니라 '이끼 주변'도 잘 관찰해 두는 것이 종을 구분할 때 굉장히 중요한 정보가 된다.

도감을 한 손에 들고 이름을 붙여 보기

마지막으로 드디어 관찰한 이끼를 도감과 비교하여 '이거다' 싶은 이름을 붙여 보자. 일단 선류, 태류, 각태류 중 어디에 속하는지 알았다면, 해당하는 페이지를 펼쳐 비슷한 느낌의 이끼를 찾는다. 이건가 싶은 이끼가 나오면 책에 쓰인 형상이나 생육 환경 등의 정보와 일치하는지를 확인한다. 가능하다면 이때 여러 권의 도감과 맞춰 보는 것이 바람직하다.

왜냐하면 이끼는 종마다의 차이가 다른 잎끝의 뾰족함 정도나 잎 세포 모양처럼 아주 미세하기 때문이다. 이끼 연구자조차 현미경으로 확인하지 않으면 정확한 이름을 알아낼 수 없는 것이 일상다반사다. 루페로 보고 나서 도감을 봐도 바로 올바른 이름에 다다를 수가 없다. 이것도 이끼의 세계에서는 당연한 일이다.

'○○이끼과 친구들'을 안다면 일단 OK

하지만 이번 장에서 소개했던 방법으로 몇 번 관찰을 거듭하다 보면, 그 이끼의 친구들(과)의 공통적인 특징이 확실하게 눈에 들어올 것이다. 적응하면 군락의 느낌이나 잎의 모양에서 그 이끼가 어느 과의 친구들인지, 도감의 어느 페이지를 펴면 되는지 대략적인 짐작이 가게 된다. 현미경에 의지하지 않는 이끼의 구분은 일단 여기까지만 알아도 충분히 합격점이다. 이 단계까지 오면 이미 당신을 초심자라고 부를 수 없다. 또한 크기가 크고 명확한 특징을 가진 이끼, 근연종이 적은 이끼도 실제로 많으므로 이러한 종에 대해서는 루페로도 구분할 수 있다.

다음 장에서는 이번 장의 단계를 바탕으로 초심자가 만나기 쉬운 이끼, 구별하기 쉬운 이끼를 중심으로 다루고, 관찰할 때 살펴보아야 할 포인트를 소개한다. 자, 틀릴 것을 두려워하지 말고 이끼를 구별하는 과정을 즐겨 보길 바란다.

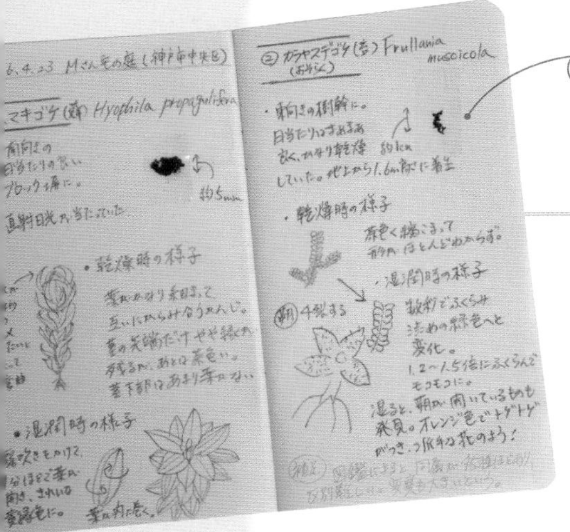

필자는 채집해도 좋은 장소라면 개체를 한두 개 채집해, 셀로판테이프로 붙여 둔답니다.

관찰 노트 만들기

생육 기물, 생육 환경, 어떤 모양으로 자라는지 등을 그 자리에서 반드시 메모한다. 기록을 남기는 것은 이끼의 더욱 자세한 관찰로 연결된다. 동시에 접사 기능이 있는 카메라로 찍어 두어, 귀가 후 사진과 도감을 비교하면서 정보를 보충한다.

주의 채집은 같은 종의 이끼가 많이 자라는 장소에서 아주 조금만 합니다. 군락을 뿌리째 채집하는 난폭한 채집은 절대 금물입니다.

【도감 보는 법】

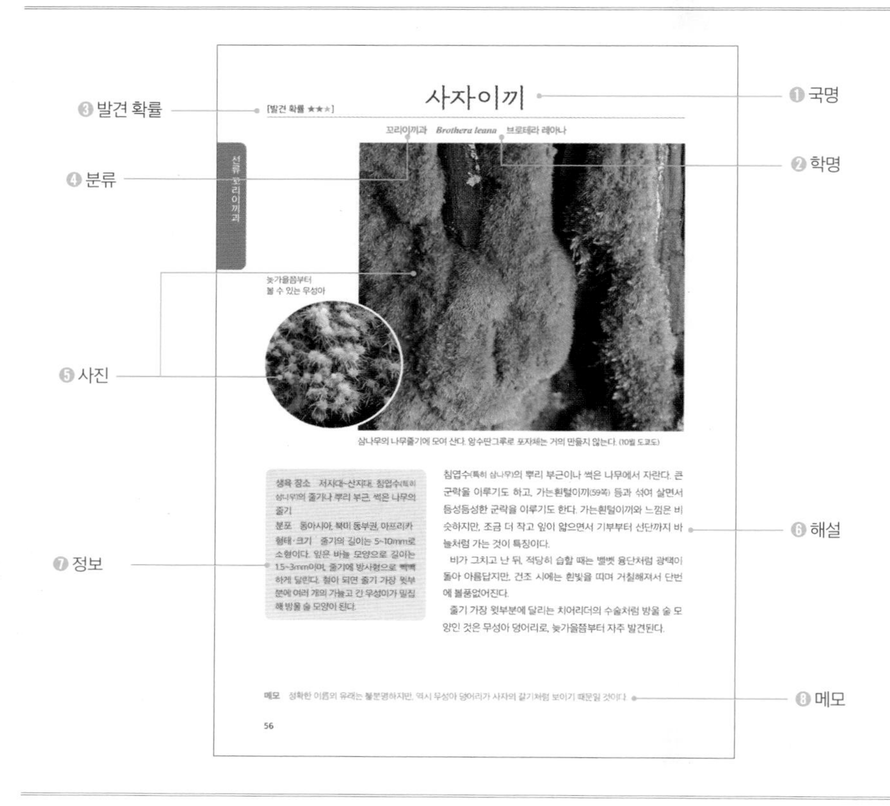

❶ 국명 표준적인 이름. 국명이 없는 경우엔 일문명을 한글로 음차했다.

❷ 학명 라틴어. 전 세계적으로 공용되는 이름. 학명은 연구 진척에 따라서 바뀌기도 하지만 이 책에서는 『일본의 야생식물 이끼(日本の野生植物 コケ)』(2001), 「일본산 태류·각태류 체크리스트(日本産タイ類·ツノゴケ類チェックリスト)」(2018), Tropicos®(미주리 식물원 데이터베이스)에 준거하며, 최신(2024년 4월 기준)의 정보도 참고하여 게재했다. 라틴어를 읽는 법은 고전적인 라틴어를 채용했다. 다만, 인명에 기원한 학명은 가능한 본래 발음을 따르고자 했다.

❸ 발견 확률 해당 이끼의 생육에 적합한 환경 속에서 찾았을 때 발견하기 쉬울수록 별이 많다. 최대 3개의 별로 표기했다.

❹ 분류 선류, 태류, 각태류로 정리했고, 각각의 과와 종의 나열에 대해서는 기본적으로 원시적인 이끼에서 진화한 이끼의 순으로 게재했다. 『일본의 야생식물 이끼』(2001)의 분류체계에 근거하고 있으며, 최신(2024년 4월 기준) 연구논문도 참고했다.

❺ 사진 군락 혹은 식물체의 일부를 맨눈이나 루페로 보는 수준으로 게재했다.

❻ 해설 배율 10~20배의 루페로 확인할 수 있는 특징, 이름의 유래, 근연종과의 구별 등을 실었다. 멸종위기종 등의 정보는 「환경성 레드리스트」(2020)에 근거한다.

❼ 정보 주요 생육 장소, 세계 분포 현황, 형상이나 크기를 실었다.

❽ 메모 해설에서 소개하지 못한 에피소드나 필자의 이끼에 대한 감상, 토막 상식 등을 적었다.

선류

Mosses

습한 장소, 건조한 장소, 음지, 양지,
다양한 장소에서 복슬복슬하게 군락을 넓혀 간다.
포자체가 자라면 삭병의 색, 삭이나 삭모의 형태 등
종에 따른 개성이 빛을 발해서 관찰이 더욱 즐거워진다.

[발견 확률 ★★★]

물이끼

물이끼과 *Sphagnum palustre* 스페그넘 폴라스터

밝은 초록색~백록색. 암수딴그루로 삭은 드물게 생긴다. (7월 가고시마현 야쿠시마)

생육 장소 저지대~산지의 습원이나 습지대. 삼림 속 지표면의 다습한 부식토 위에서도 자란다.
분포 세계 각지
형태·크기 줄기는 길이 10cm 정도이다. 줄기 가장 윗부분에 짧은 가지가 모여 다발 모양을 이룬다. 가지 상부에서 아래로 늘어진 하수지와 중부~하부에 가로로 퍼지는 개출지를 가진다(이 두 종류의 가지가 붙어 있는 것이 물이끼류의 특징). 하수지가 두껍고 투박하다.

물이끼과의 이끼는 한국에서 20종 정도가 알려져 있다. 세포벽에 구멍이 뚫린 주머니 모양의 투명세포가 있으며, 스펀지처럼 많은 양의 물을 그 안에 저장할 수 있다. 이끼치고는 초대형으로 응원용 수술이 떠오르는 독특한 형태다. 습원이나 습지 등 제한된 환경에서 자라기 때문에 다른 선류와 구분은 쉽다. 그러나 각각의 종 구분은 어렵다.

물이끼류의 대부분은 아고산대 이상에서 생육하는데, 물이끼는 저지대에서도 발견된다. 저지대·낮은 산의 습지대에서 만날 수 있는 물이끼는 대체로 흔한 종이다. 닮은 종에 비늘물이끼가 있는데, 가지잎이 가늘고 그 끝이 심하게 꺾여 있으며 습원 주변의 나무 그늘 등지에서 자란다.

메모 물이끼류는 뛰어난 흡수력으로 건조 시 무게의 약 20배에 달하는 물을 저장할 수 있다. 또 항균성도 좋아 곰팡이가 잘 슬지 않는다.

가는잎물이끼

[발견 확률 ★★★]

물이끼과 *Sphagnum girgensohnii* 스페그넘 기르겐소니

숲속 지표면의 부식토 위에 쌓인 낙엽 속에서 얼굴을 내민다. (3월 가고시마현 야쿠시마)

생육 장소 아고산대의 숲속 바닥이나 숲속 가장자리의 음지~반음지에 습기가 있는 부식토 위

분포 북반구

형태·크기 줄기는 길이 10cm 정도이다. 줄기의 끝부분에 가지가 밀집해 있다. 하수지가 개출지보다 훨씬 길다. 가지잎의 끝이 뒤집어 휘어져, 끝이 가늘게 갈라진 것처럼 보인다.

혼베리미즈고케

물이끼류의 대부분은 습지·습원에서 자라지만, 이 종은 아고산대의 숲속 지표면이나 숲속 가장자리의 부식토를 좋아하는 삼림성의 물이끼이다. 식물체는 그 이름처럼 가늘고, 물이끼와 마찬가지로 형태가 크면서 섬세하고 가녀린 인상을 준다.

근연종은 혼베리미즈고케(*Sphagnum junghuhnianum* ssp. *pseudomolle*)이다. 이 종과 마찬가지로 형태가 크며 산지에서 볼 수 있는 삼림성 물이끼다. 또, 일본에서 나고 자라는 물이끼류로서는 드문 남방계로, 혼슈~규슈에 분포한다. 늘 물에 젖어 있는 장소를 좋아하며, 용수가 흐르는 바위벽, 임산 도로의 경사면, 산길의 경계와 같은 장소에서 발견된다.

메모 물이끼류는 붉게 물드는 종이 많은데, 이 종과 혼베리미즈고케는 붉게 물들지 않는다는 특징이 있다.

COLUMN

이끼 지식 ❶

이끼가 수난을 겪는 동안 인간은?

"올해는 여름에 이끼가 꽤 시들었더라", "이끼 정원 일부가 어느샌가 변색했어". 사찰의 이끼 정원 관리인이나 집에서 이끼 정원을 가꾸는 사람들로부터 종종 이런 이야기를 듣는다.

물론 원인은 다양하다. 이끼는 '영원'할 것 같지만, 불로불사는 아니다. 생물로서의 수명이 있다. 나이 든 이끼는 대사 기능이 떨어지며 면역력도 약해져서 병에 걸리기 쉽고, 어린 이끼보다 마르기 쉽다. 또, 운 나쁘게 정원에 숨어든 동물의 소변을 뒤집어써 시들어 버릴 때도 있다.

하지만 요즘의 이끼 마름 현상은 인간의 영향이 크다고 말하고 싶다. 그중 가장 큰 영향이 바로 온실가스 배출이다.

온실가스가 기후변화의 원인이라는 것은 누구나 아는 사실이다. 기후변화는 평균 기온 상승, 혹서일·열대야의 증가, 무강수일의 증가 등의 형태로 나타나, 이끼의 생육에도 어두운 그림자를 드리우고 있다. 이미 교토의 사찰에 있는 이끼 정원에서는 건조에 약한 종부터 시들기 시작했다는 조사 결과도 있어, 보전대책 마련이 시급하다.

무분별한 남획으로 인해 개체가 감소하고 있는 종도 있다는 점을 잊어서는 안 된다. 세계적으로는 북반구의 한랭 지역에 많은 물이끼류, 일본에서는 원예용으로 인기가 좋은 종이 야산에서 사라져 가고 있다.

인간의 사회 활동은 개인의 의식만으로는 바뀌기 어렵다고 생각할지도 모른다. 하지만 우리들에게도 반드시 이끼를 구할 수 있는 방법이 있을 것이다. 진부하지만, 일단은 한 사람 한 사람이 온실가스 배출을 줄이는 생활을 계속해야 한다. 그리고 원예용 이끼는 산에서 채집하지 말고 이끼 농가에서 재배한 것을 구매하길 바란다.

검정이끼

[발견 확률 ★★★]

검정이끼과 ***Andreaea rupestris* var. *fauriei*** 안드레아에아 루페스트리스 파우리에이

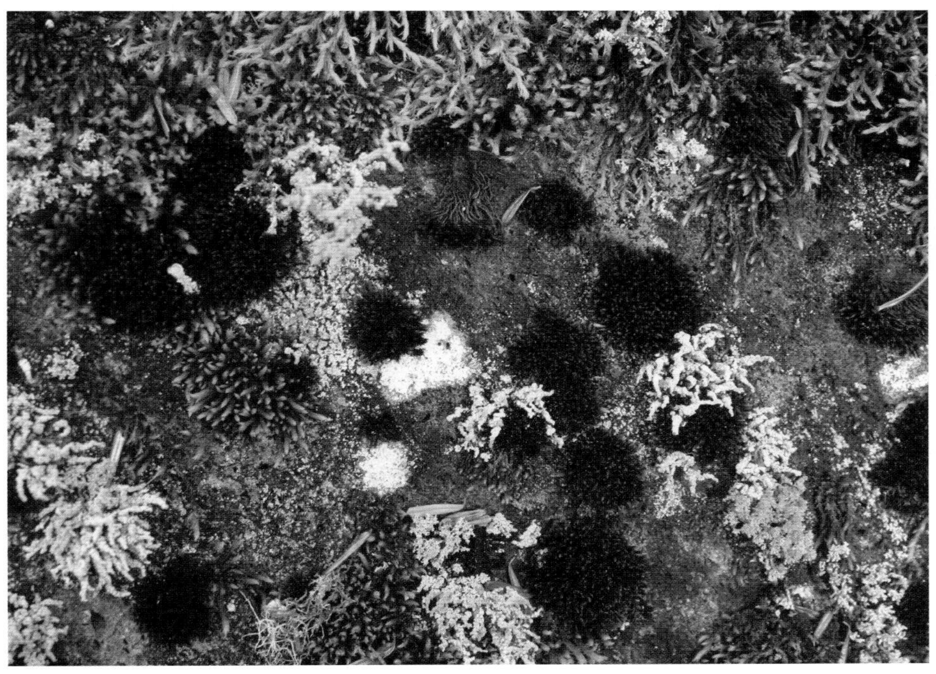

흑갈색의 동그란 군락을 이룬다. 누런색의 이끼는 코바노스나고케(*Niphotrichum barbuloides*)다. 흰 식물은 지의류다. (10월 나가노현 기타야쓰가타케산)

생육 장소 아고산대~고산대의 건조하고 볕이 잘 드는 바위 위
분포 한반도, 중국, 일본
형태·크기 줄기는 길이 약 5mm. 잎은 중륵맥이 없고 중앙이 약간 잘록해, 건조 시에는 줄기에 붙는다. 삭은 4개로 갈라지지만 가장 윗부분이 떨어지지 않는 초롱 모양으로 갈라진 틈에서 포자가 나온다. 삭모나 삭치도 없다.

산지의 숲을 벗어나 고목이 자라지 않는 숲속 경계를 넘어선 주변의 해가 잘 드는 바위 위에서 자주 볼 수 있다. 식물체는 작고, 군락은 언뜻 시든 것처럼 보이는 흑갈색이다. 바위에 딱 붙어 있고, 촉감도 딱딱해서 솔직히 만났을 때의 감동은 적다.

삭은 건조 시에만 네 갈래로 찢어져 틈이 생긴다. (촬영: 사키야마 슈쿠이치)

하지만 삭은 삭개가 없고, 세로로 갈라진 틈에서 포자를 뿌리는 다른 선류에는 없는 독특한 형태이므로 발견한다면 천천히 관찰해 보자.

메모 한국에는 이 종만 분포하지만, 전 세계적으로 검정이끼과의 이끼는 약 100종에 이른다.

난자몬자고케

[발견 확률 ★★★]

난자몬자고케과(*Takakiaceae*) *Takakia lepidozioides* 타카키아 레피도지오이데스

막대 모양의 잎은 줄기에서 잘 떨어진다. 일본에서는 암그루만 발견되었고, 수그루와 포자체는 발견하지 못했다. (7월 나가노현 기타야쓰가타케산)

생육 장소 아고산대~고산대의 그늘지고 젖은 바위 위, 측면, 틈 사이

분포 중국, 일본, 대만, 히말라야, 보르네오, 북미 서부 지역

형태·크기 줄기는 직립하여 자라며, 길이 약 1cm이다. 잎은 길이 1mm 정도이며, 막대 모양으로 떨어지기 쉽다.

이끼 중에서도 희귀한 종이다. 매우 원시적인 구조 때문에 1950년대 전반에 발견되었던 당시에는 선류인지 태류인지, 그것도 아니면 이끼가 아닌 것인지 그 정체를 알 수가 없어서, 그럼 이건 "대체 뭘까?(난자몬자)"라고 연구자들을 고뇌하게 만든 것이 일문명(난자몬자)의 유래이다. 학명은 이 종을 북알프스에서 처음 발견한 이끼 연구자 타카키 노리오 박사와 관련이 있다.

식물체는 약 1cm로 소형이다. 아고산대~고산대의 그늘진 바위의 측면에서 자라며, 매트 형태의 군락을 이룬다.

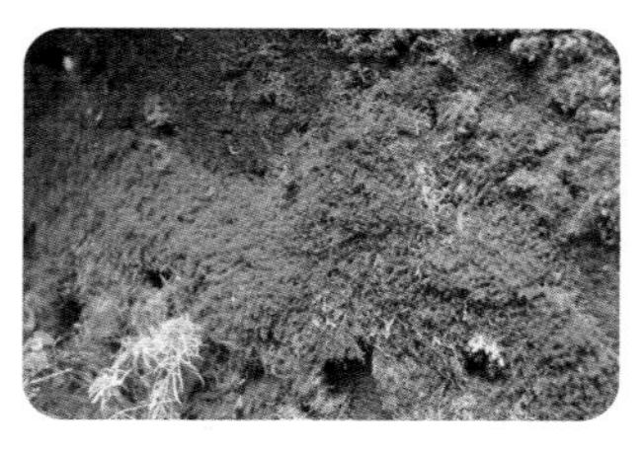

기타야쓰가타케산. 북측 경사면에 모여 산다.

메모 캐나다 브리티시콜롬비아주의 모레스비섬에는 변두리에 난자몬자고케가 많이 자란다고 해서 '타카키아호수'라고 정식 명칭이 붙은 호수가 있다.

아리노오야리

[발견 확률 ★★★]

네삭치이끼과 *Tetraphis geniculata* 테트라피스 게니쿠라타

삭병이 '<' 모양으로 굽어 있다.

삭치가 4개만 있는 단순한 모양

군락에 포자체가 잔뜩 붙어 있다. 식물체는 옅은 황록색을 띤다. 침엽수림 숲에서 (7월 나가노현 기타야쓰가타케산)

생육 장소 아고산대의 썩은 나무나 큰 나무의 뿌리 등

분포 중국, 극동아시아, 북미 서부 지역

형태·크기 줄기의 길이는 1~2cm이다. 줄기는 위로 자라며 가지는 갈라지지 않는다. 잎은 난형. 중륵맥은 잎끝까지 이어진다. 삭병은 1~2cm이며, 중간 쯤에서 '<' 모양으로 꺾인다. 삭은 원통형이다. 무성아는 원반형으로, 잎은 컵 모양으로 뭉친 줄기 가장 윗부분에 자란다.

네삭치이끼과는 일본에 아리노오야리, 네삭치이끼, 고요쓰바고케[*Tetrodontium brownianum* var. *repandum* (Funck.) Limpr.], 이렇게 세 종류만 알려진 수가 적은 과다. 선류 중에서도 원시적인 계통으로 여겨지며, 삭치가 4개뿐인 것이 큰 특징이다.

아리노오야리는 저산대~아고산대에 분포한다. 삭병의 정중앙 부분이 꺾여 '<' 모양이라는 고유한 특징을 가져서 다른 종과 쉽게 구별할 수 있다. 또, 포자체가 없는 줄기는 가장 윗부분의 잎이 컵 모양처럼 생겼으며 그 가운데에 무성아를 만든다.

네삭치이끼는 이 종과 비슷하지만 삭병이 꺾이지 않는다. 고요쓰바고케는 삭을 포함해도 길이가 5mm 정도로 작고, 고지대의 그늘진 암벽이나 동굴 입구 부근의 천장, 측벽에서 자란다.

메모 선류의 대부분이 삭치가 있는데, 삭치의 수는 모두 4의 배수이다.

[발견 확률 ★★★]

산투구이끼

담뱃대이끼과 ***Buxbaumia aphylla*** 북스바우미아 아필라

줄기잎은 퇴화했고, 포자체만이 눈에 띈다. 빗방울 등이 삭에 닿으면 포자가 산포된다. (7월 나가노현 기타야쓰가타케산)

생육 장소 아고산대의 밝은 부식토 위, 바위 위
분포 극동아시아, 유럽, 북미, 뉴질랜드
형태·크기 줄기와 잎이 퇴화했고, 삭병은 5~10 mm이다. 삭은 기울어져 붙어 있고, 길이는 3~4 mm로 둥글지만, 측면은 각지고 윗부분은 편평하다. 원사체는 숙존성이며, 암수딴그루이다.

아고산대에 분포하며, 밝은 장소의 부식토 위에서 자란다. 경엽이 퇴화하여 대신에 기물 위에 펼친 원사체로 광합성한다. 포자체가 나와 있지 않으면 발견하기 어렵다. 게다가 포자체도 흙과 같은 색이라 지나치기 쉬워서 주의 깊게 지면을 살펴야 발견할 수 있다.

근연종은 담뱃대이끼다. 숲속에 쓰러진 나무 위에서 자라며, 삭이 뾰족하지 않고 가늘고 긴 원통형이라 구별이 쉽다. 일본에서는 미나가타 구마구스(일본의 생물학자이자 박물학자, 민속학자. 여러 분야에 다양한 업적을 남겼으며, 생물학자로서는 생태학 이론을 일본에 도입했다 - 옮긴이)가 발견한 이끼로 유명하다.

담뱃대이끼. 희귀종이다.

메모 일문명에는 '부채'와 '정향나무'가 들어가는데, 이는 포자체의 형태에서 유래했을 것이다.

보리알이끼

[발견 확률 ★★★]

보리알이끼과 ***Diphyscium fulvifolium*** 디피스키움 프루비폴리움

잎은 짙은 녹색 혹은 녹갈색으로 광택이 없다. (11월 효고현)

생육 장소 낮은 산지의 대체로 그늘지고 약간 젖은 땅 위나 제방, 산길 옆 경사면 등

분포 한반도, 중국, 일본, 필리핀

형태·크기 줄기는 매우 짧고 방사형으로 펼쳐진 잎에 묻혀서 거의 보이지 않는다. 잎의 길이는 약 5mm로 가늘고 긴 전연 형태이며, 중앙부의 잎은 중륵맥이 길게 돌출해서 까끄라기 모양으로 삭을 감싼다. 삭이 매우 크고 솔방울 모양과 비슷하다.

삭병이 매우 짧아서 잎에 묻힌 것처럼 보이는 삭은 동그랗게 부푼 모양에 끝부분이 급격하게 가늘어져 마치 목이 짧은 멧돼지 같다. 삭을 감싸는 바늘 모양의 가느다란 잎도 갈색이라 어쩐지 멧돼지가 떠오른다. 또 포자를 날리는 방식도 재밌는데, 빗방울 등이 닿아서 삭이 눌리면 주름 모양의 삭치 사이를 통해 포자를 분출한다.

낮은 산의 산길에서 흔히 볼 수 있는 이끼지만, 삭의 유무를 알아채기 어렵고, 발견해도 주름솔이끼(40쪽)와 아기들솔이끼(41쪽)와 헷갈리기 쉬우니 주의가 필요하다. 식물체의 중앙에서 자라는 까끄라기같이 뾰족한 잎이 많이 나 있으면 구별하기 쉽다.

메모 이 종과 매우 비슷한 외견을 가진 이끼에 미야마이쿠비고케(*Diphyscium foliosum*)가 있다. 보다 산지에서 볼 수 있는 보통 종으로 보리알이끼보다도 조금 작다. 또 잎은 침처럼 가늘고 길며, 길이는 약 2~3mm다.

[발견 확률 ★★★]

주름솔이끼

솔이끼과 ***Atrichum undulatum*** 아트리쿰 운듀라툼

키가 작고 솔이끼과 같지 않게 부드러운 느낌을 준다. 암수한그루로 가을에 많은 포자를 만든다. (7월 시즈오카현)

생육 장소 반음지의 흙 위. 공원, 정원, 사찰, 산지
분포 북반구
형태·크기 줄기는 길이 4cm 정도이다. 잎은 길이 8mm 이하에 옆주름이 있고, 건조하면 많이 오므라든다. 삭병은 길이 2.5~ 4cm. 삭은 가늘고 긴 원통형으로 약간 굽었다.

삭은 가늘고 길며, 삭모에 털이 없다.

솔이끼과 이끼는 한국에 약 25종이 있다. 비교적 대형으로 진녹색에 딱딱하며 가늘고 긴 잎을 가져 외견이 소나무의 유목을 닮았다. 잎은 시들면 오그라들고, 삭을 감싸는 삭모가 털로 뒤덮이는 종도 많다.

하지만 이 종은 다른 솔이끼 친구들과 다르다. 잎이 투명하고, 물결치는 듯한 강한 옆주름이 있다. 또 삭모에 털도 없다.

가장 비슷한 근연종인 아기주름솔이끼는 보다 소형으로 줄기는 길이 0.5~2cm이다. 암수딴그루이며, 삭은 드물다. 한편 산지의 흙 위에서 보이는, 길이가 8cm에 달하는 대형 솔이끼는 곱슬주름솔이끼(*Atrichum crispulum*)일 가능성이 높다.

메모 이 종의 변종으로 넓은주름솔이끼(*Atrichum undulatum var. gracilisetum*)가 있다. 하나의 줄기에서 2~3개의 포자체가 나온다는 큰 차이가 있다.

아기들솔이끼

[발견 확률 ★★★]

솔이끼과 ***Pogonatum inflexum*** 포고나툼 인플렉숨

암수딴그루로 삭은 가을에 성숙한다. 따듯한 양털 모양의 털이 붙은 삭모로 덮여 있다. (10월 지바현)

생육 장소 저지대~산지의 흙 위. 공원, 정원, 제방
분포 한반도, 중국, 일본, 극동아시아
형태·크기 줄기의 길이는 1~5cm이다. 잎은 불투명한 녹색으로 가장자리에 톱니가 있고, 건조 시 확연히 오므라든다. 삭병은 길이 1~3.5cm이며, 삭은 원통형이다.

주름솔이끼와 나란히 저지대에 많으며 도시의 정원, 공원, 교정 등의 흙 위에서도 자주 발견된다. 도감 등에서 대표적인 선류 식물로 꼽히기 때문에 이끼 식물 중에서 높은 지명도를 자랑한다.

한편, 외견이 너무 닮아서 그 존재가 거의 알려지지 않은 것이 근연종인 들솔이끼(*Pogonatum neesii*)다. 루페로 볼 때는 건조 시의 잎이 말린 모양이 구분을 위한 유일한 단서다.

메모 또 다른 근연종에는 꼬마들솔이끼가 있다. 아기들솔이끼보다 작고 바위 위에 산다.

[발견 확률 ★★★]

큰들솔이끼

솔이끼과 *Pogonatum japonicum* 포고나툼 야포니쿰

식물체는 짙은 녹색을 띤다. 줄기의 가장 윗부분부터 1년에 한 번 포자체가 자란다. 암수딴그루이다. (10월 나가노현)

생육 장소 아고산대 침엽수림 지표면의 밝은 부식토 위나 썩은 나무 위. 등산로 옆에서도 자주 발견된다.

분포 한반도, 중국, 일본, 극동아시아

형태·크기 줄기의 길이는 8~20cm 이상이며, 가지가 갈라지지 않는다. 잎은 길이 1~1.8cm이며, 기부(기초가 되는 밑부분 - 옮긴이)만 알 모양이고 끝으로 갈수록 급격하게 바늘처럼 가늘어진다. 가는 부분에는 날카로운 톱니가 있다. 또, 잎은 마르면 현저하게 말려서 오그라든다. 삭병의 길이는 1.5~3cm이며 삭은 원통형이다.

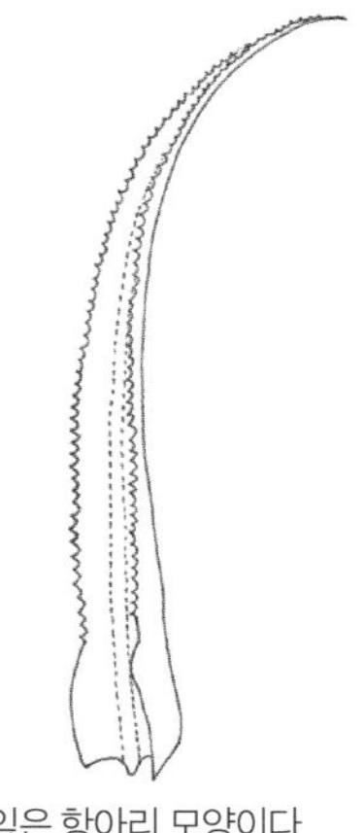

잎은 항아리 모양이다.
기부 이외에는 폭이 좁다.

줄기는 생장이 좋으면 20cm 이상까지도 자라며, 솔이끼 친구들 중에서는 가장 큰 이끼로 알려져 있다. 대형인 데다 군락은 삼림 지표면 한쪽에 널리 퍼져 있기도 해서 아고산대의 숲을 걷다 보면 반드시 눈에 들어온다.

또한, 잎은 건조 시엔 심하게 오그라든다. 습윤 시엔 정말 당당한 풍모를 자랑하다 보니, 불쌍할 정도로 초라해 보인다.

메모 솔이끼 친구들은 삭의 개구부가 하얀 막(구막)으로 덮여 있어서 포자는 이웃한 삭치의 틈에서 방출된다.

그늘들솔이끼

[발견 확률 ★★★]

솔이끼과 ***Pogonatum contortum*** 포고나툼 콘토루툼

경사면에 아래로 늘어져 자란 대군락. 암수딴그루이다. (7월 나가노현)

생육 장소 큰들솔이끼와 같다.
분포 한반도, 중국, 일본, 극동 아시아, 북미 서부 지역
형태·크기 줄기의 길이는 4~10cm 정도로, 가지가 갈라지지 않는다. 잎은 길이 4~8mm이며, 톱니가 있고 일정한 폭으로 가늘고 길게 자란다. 건조 시에는 현저하게 말려서 오그라든다. 삭은 원통형이다.

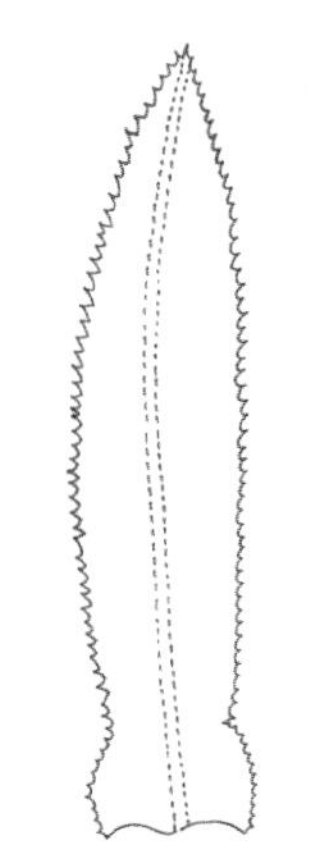

잎은 전체적으로 폭이 있고, 기부에도 톱니가 있다.

큰들솔이끼와 마찬가지로 산지대~아고산대 삼림 지표면에서 자주 발견된다. 경사면에서 자란 것은 아래로 늘어지고, 평지에서 자란 것은 큰들솔이끼처럼 직립한다. 큰들솔이끼보다 크기는 약간 작지만, 잎은 도톰하고 폭이 넓다.

근연종은 호우라이스기고케(*Pogonatum cirratum*)이다. 외견은 매우 비슷하지만, 해발고도가 더 낮은 장소에서 볼 수 있다. 일본의 경우 야쿠시마 숲에서 이 이끼가 세력을 떨치고 있다.

메모 솔이끼 친구들의 학명에 많이 들어가는 'Pogonatum'의 pogon은 수염이다. 삭모에 털이 있는 것을 의미한다.

[발견 확률 ★★★]

침들솔이끼

솔이끼과 *Pogonatum spinulosum* 포고나툼 스피눌로숨

솔이끼 친구들의 공통점인 털 달린 삭모가 포자체에 달려 있다. 주변이 청록색의 원사체로 뒤덮였다. (11월 효고현)

생육 장소 산길 경사면이나 제방의 젖은 흙 위. 어른 무릎 아래 정도의 높이에 있는 경우가 많다.

분포 한반도, 중국, 일본, 극동아시아, 필리핀

형태·크기 숙존성의 원사체가 지상을 뒤덮고, 그 위에 퇴화한 배우체가 퍼져 산다. 줄기의 길이는 약 2mm 정도이며, 줄기에는 몇 장의 비늘 조각 모양의 잎이 빼곡하게 붙어 있는데, 모두 맨눈으로는 볼 수 없을 정도로 작다. 삭병은 2~4.5cm로 길며, 삭은 원통형이다. 암수딴그루이다.

잎이 보이지 않는 이끼다. 포자체가 없으면 일단 발견할 수가 없지만, 포자체만 있으면 맨눈으로도 알아볼 수 있다. 찾아보기 좋은 시기로는 주위의 풀이 시들어서 지면이 노출된 늦가을 이후를 추천한다. 또 배우체는 아예 없어 보이지만, 실은 퇴화해서 존재한다. 삭병의 기부를 루페로 보면 아주 작은 잎이 붙어 있는 것을 확인할 수 있다.

배우체는 거의 보이지 않는 반면, 포자체 다음으로 눈에 띄는 특징이 지면 일대를 얇게 뒤덮은 조류 같은 청록색이다. 이는 이 종의 원사체로, 배우체가 자란 후에도 계속 그대로 남아 발달하지 않은 배우체 대신 광합성을 한다.

메모 근연종은 히메하미즈고케(*Pogonatum camusii*)다. 삭병은 2cm 이하로 소형이다. 일본 내에서는 야쿠시마나 오키나와에 분포한다. 일본의 「환경성 레드리스트」(2020)에서 준멸종위기종으로 분류되었다.

솔이끼

[발견 확률 ★★★]

솔이끼과 ***Polytrichum commune*** 폴리트리쿰 코무네

경사면에 아래로 늘어져 자란 대군락. 암수딴그루이다. (7월 나가노현)

생육 장소 저지대~고산지대의 밝고 탁 트인 흙 위. 습한 장소를 좋아하며, 습지나 습원에서도 자란다. 이끼 정원에도 적합하다.

분포 세계 각지

형태·크기 줄기의 길이는 5~20cm이다. 잎의 길이는 약 6~12mm이며 톱니가 있다. 삭병의 길이는 5~10cm이다. 삭은 각진 기둥 형태로 고개는 깊게 잘록하며 혹이 있다.

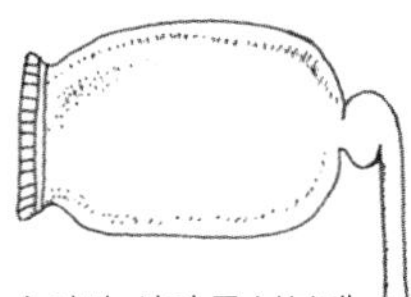

솔이끼: 삭의 목 부분에 뚜렷한 혹이 있다.

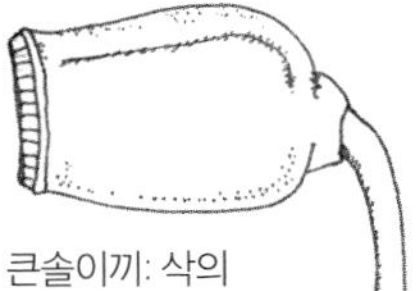

큰솔이끼: 삭의 목 부분이 잘록하다.

대형 이끼로 밝은 장소를 좋아한다. 이끼 정원에 빼놓을 수 없을 정도로 잘 알려진 이끼다. 솔이끼 친구들은 대부분 건조하면 잎이 오그라들지만, 이 종은 잎이 줄기 옆에 딱 붙어서 붓 끝처럼 된다. 또한 어린 삭은 다른 솔이끼 친구들처럼 직립하지만, 시간이 지나면 고개가 기울어져 각진 기둥 형태가 되는 것이 특징이다.

근연종은 큰솔이끼이다. 외견이 매우 비슷하지만, 큰솔이끼는 숲속 등 반음지의 흙 위를 좋아하며 삭의 목 부분에 혹이 없다.

메모 다른 근연종으로 향나무솔이끼가 있다. 솔이끼와 큰솔이끼는 잎의 가장자리에 날카로운 이빨이 있지만, 향나무솔이끼 잎의 가장자리는 이빨이 없고 안쪽으로 말려 있다. 또 향나무솔이끼는 북부 지방의 한랭한 산지대~고산지대에 주로 분포한다.

침솔이끼

[발견 확률 ★★★]

솔이끼과 *Polytrichum piliferum* 폴리트리쿰 필리페룸

후지산 고고메(5부 능선) 주변에서. 용암지대에서 찍은 붉은 수그루로, 잎끝부터 투명한 까끄라기가 뻗어 있다. (5월 야마나시현)

생육 장소 고산지대의 볕이 잘 드는 바위 위나 모래 위

분포 세계 각지

형태·크기 줄기의 길이는 약 2~3cm이며 가지가 거의 갈라지지 않는다. 잎은 줄기 상부에 모여 있고, 가장자리는 안쪽으로 말려 건조 시에 줄기에 달라붙는다. 또, 잎의 중륵맥이 매우 길어서 잎끝을 뚫고 나와 투명하거나 흰색의 까끄라기 형태를 이룬다.

고산성의 이끼로 솔이끼 친구들 중에서는 소형이다. 볕이 잘 드는 나지에 군락을 이룬다. 삼림한계선을 넘어선 극한의 환경, 이를테면 남극에서도 발견된다.

잎끝에서 털처럼 뻗은 까끄라기는 강한 햇빛으로부터 몸을 보호하는 방법으로, 된서리이끼(69쪽)와 마찬가지로 혹독한 환경에서 자라는 이끼만의 생존 전략이다.

암수딴그루로, 수그루는 새빨간 웅화반을 가지고 있어 마치 꽃이 핀 것처럼 아름답다.

암그루는 평범하며, 삭모에 털이 빼곡하다.

메모 솔이끼속 이끼는 영문명으로 'Haircap moss'이며, Haircap은 양모 형태의 모자를 가리킨다. 이 종의 영문명은 'Bristly haircap'으로, 혹독한 환경 아래 굵고 뻣뻣한 털(bristle) 같은 삭모로 삭을 지킨다는 의미로 보인다.

주목봉황이끼

[발견 확률 ★★★]

봉황이끼과 ***Fissidens taxifolius*** 피시덴스 탁시포리우스

둥글게 고정되어 작은 군락을 점점이 이룬 것이 많다. (10월 사이타마현)

생육 장소 저지대~산지대의 반음지 흙 위나 바위 위. 공원 계단의 수직면 등

분포 세계 각지

형태·크기 줄기의 길이는 잎을 포함해 5~15mm이다. 잎은 말라도 별로 오그라들지 않고 중륵맥이 잎끝에 돌출한다. 삭병의 길이는 15~17mm이며, 줄기의 기부에서 나온다. 암수딴그루이다.

봉황이끼과는 잎이 좌우 2열로 규칙적이고 납작하게 붙어 있다는 고유한 특징이 있어 다른 과와 구별하기 쉽다. 그러나 일본에 자생하는 것만 해도 약 100종이나 되고, 변종도 많아서 종의 구분은 어렵다.

이 종은 봉황이끼과 중에서는 소형으로, 줄기는 약 15mm까지 자란다. 식물체는 밝은 녹색~황록색이다. 군락은 민들레 이파리 모양처럼 만들어지기 쉬우며 반음지의 흙 위에서 자주 발견된다. 루페로 자세히 보면 잎의 중륵맥이 잎끝에 튀어나온 것이 보인다.

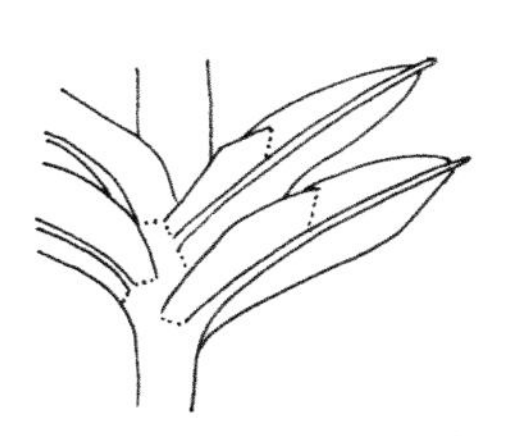

봉황이끼과는 잎이 기부에서 2장으로 갈라지며 줄기를 감싼다. 주목봉황이끼는 중륵맥이 돌출한다.

메모 근연종은 고호오고케(*Fissidens adelphinus*)이다. 이 종과 같은 장소에서 일반적으로 볼 수 있으며, 둘을 구별하기란 상당히 어렵다. 고호오고케는 중륵맥이 잎끝 가까이에 다다르지만 돌출하진 않는다.

봉황이끼

[발견 확률 ★★★]

봉황이끼과 ***Fissidens nobilis*** 피시덴스 노빌리스

일본 전역에 널리 분포한다. 일본산 봉황이끼과 중에서 가장 크게 자라는 종 중의 하나이다. (11월 아오모리현 오이라세계류)

생육 장소 골짜기 근처의 그늘지고 젖은 바위 위나 땅 위
분포 극동아시아, 아시아의 온대~열대, 오세아니아
형태·크기 줄기의 길이는 4~9cm이다. 삭병의 길이는 5~15mm이며 줄기 상부의 잎 옆에서 나온다. 암수딴그루이다.

나가사키호오고케

식물체는 짙은 녹색을 띤다. 골짜기 근처의 그늘지고 습한 바위 경사면이나 땅 위에 모여 사는 모습이 자주 발견된다. 줄기의 길이는 4cm 이상이며, 생장이 좋으면 9cm 정도에 달하기도 한다.

근연종은 이 종보다도 소형으로 약간 건조한 장소에도 많은 발톱봉황이끼다. 또, 중형의 나가사키호오고케(*Fissidens geminiflorus*. 줄기는 6cm까지 자란다)도 이 종과 외견이 매우 비슷한데, 나가사키호오고케는 항상 물방울이 떨어지듯 물에 젖은 바위 위에서 자란다. 극동아시아, 인도네시아, 필리핀 등에서 볼 수 있다.

메모 나가사키호오고케와 크기, 생육 환경이 매우 비슷한 종으로 남쪽산봉황이끼가 있다. 삭은 발견되지 않았다.

벼슬봉황이끼

[발견 확률 ★★★]

봉황이끼과 *Fissidens dubius* 피시덴스 두비우스

포자체는 줄기 중간쯤에 있는 잎 옆에서 나온다. 삭병의 길이는 5~13mm 정도이다. 암수딴그루이다. (12월 효고현)

생육 장소 산의 바위 위나 땅 위
분포 북반구
형태·크기 줄기의 길이는 잎을 포함해 1~3.5cm이다. 잎 가장자리는 전체 둘레에 걸쳐 잎의 몸 부분보다 한 톤 밝은 띠 모양을 이루고 있다. 또, 잎의 상부 가장자리에는 닭벼슬과 닮은 두꺼운 톱니가 있다.

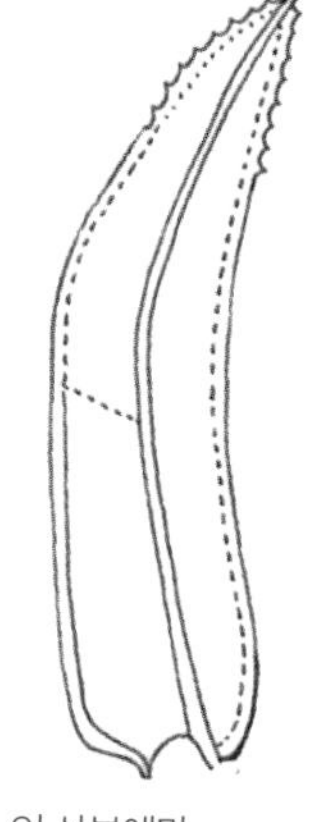

잎 상부에만 두꺼운 톱니가 있다.

봉황이끼보다는 작고 주목봉황이끼(47쪽)보다는 큰, 봉황이끼과 중에서는 중형의 이끼다. 식물체는 녹색~황록색을 띤다. 잎의 상부 가장자리에만 불규칙적으로 삐죽삐죽한 두꺼운 톱니가 있는데, 닭벼슬을 연상시켜 일본에서도 '벼슬봉황이끼'라 한다.

하지만 실제로 벼슬은 초심자가 바로 보고 알 수 있을 정도로 눈에 띄지는 않는다. 어느 정도의 숙련자가 20배율의 루페로 관찰해야 겨우 알 수 있을 정도이다. 꼭 밝은 장소에서 눈을 부릅뜨고 살펴보길 바란다.

메모 이 종을 포함해 봉황이끼과 이끼들은 수그루가 암그루보다 작으며, 암그루의 잎 위에서 일생을 마치는 종도 있다.

[발견 확률 ★★★]

초록실봉황이끼

봉황이끼과 *Fissidens protonemaecola* 피시덴스 프로토네마에콜라

숙존성의 원사체 위에 삭이 직립해 있다. 암수한그루이다. (3월 도쿄도)

생육 장소 숲의 반음지 땅 위나 바위 위
분포 중국, 일본
형태·크기 줄기의 길이는 0.1~0.2mm이다. 잎은 2~3쌍이 붙어 있으며, 길이는 0.3~0.6mm이다. 삭병의 길이는 0.8~2.4mm이며, 삭은 직립한다. 원사체는 숙존성이다.

식물체가 0.1~0.2mm인 초소형 이끼다. 너무 작아서 채집이나 분류가 어렵기 때문에 일명 '연구자를 울리는 이끼'라고 불린다.

저산지대의 살짝 어두운 숲속에 굴러다니는 바위나 돌에서 자란다. 줄기나 잎이 있지만, 맨눈으로 식별하기는 매우 어렵다. 기물에 조류처럼 달라붙어 있는 원사체가 있고, 그 위에 2mm 정도의 삭병과 선명한 주황색의 삭이 있으면 이 종일 가능성이 있다.

또, 식물체가 성숙한 다음에도 원사체가 남아 있는 숙존성인 점도 이 종의 특징 중 하나다.

동그라미로 표시한 부분이 숲속 바위에서 자라난 모습이다. 이외에도 다수의 봉황이끼속이 섞여 자라고 있다.

메모 봉황이끼과의 이끼 중에는 줄기의 길이가 1cm 이하인 것이 수십 종이 있다. 이끼 연구자들 사이에서 이러한 아주 미세한 그룹을 '마이크로 피시덴스(micro - Fissidens)'라고 부른다.

지붕빨간이끼

[발견 확률 ★★★]

금실이끼과 *Ceratodon purpureus* 케라토돈 푸르푸레우스

건조 시에 포자가 날아간다. 사진 오른편 가로로 찍힌 하얀 연기 같은 것이 이 종의 포자다. (4월 효고현)

생육 장소 저지대의 탁 트인 장소에 있는 콘크리트 위나 모래 재질의 흙 위. 오래된 지푸라기 지붕 위

분포 세계 각지

형태·크기 줄기는 1cm 이하로 자란다. 잎의 길이는 1.2~2.5mm이며, 줄기에 방사형으로 붙어 있다. 삭병은 적자색~황갈색이며 길이는 1~3cm이다. 삭은 적갈색이며 약간 굽은 원통형인데, 건조 시 8개의 붉은 세로줄이 생긴다.

이름 때문에 무심코 지붕 위만 찾아보기 십상이지만, 길가의 콘크리트 위, 공원, 사찰의 볕 잘 드는 모래 재질의 흙 위 등에서 흔히 볼 수 있다. 지붕에서 자라는 경우에는 오래된 지푸라기 지붕에서 자주 발견된다. 식물체는 황록색이며 직립한다. 각각은 작지만 밀도 있게 모여 쿠션 모양의 커다란 군락을 만들기도 한다.

포자를 날리는 봄에는 위 사진처럼 삭병과 삭이 적갈색으로 변해 군락 전체가 붉게 보이므로 눈에 잘 띈다. 암수딴그루이다.

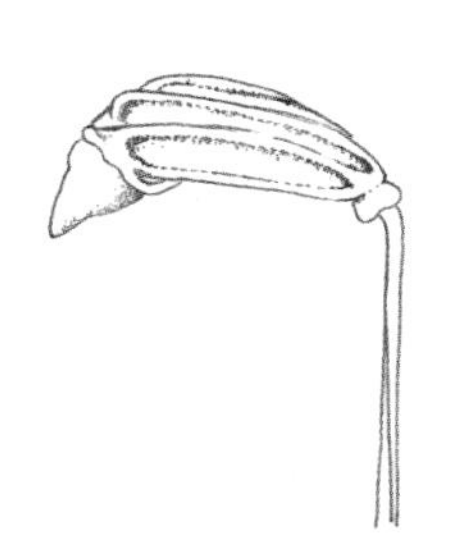

삭은 활 모양으로 굽었으며, 건조 시 줄이 생기는 것이 특징이다.

메모 자라기 힘든 장소에서도 잘 자란다. 남극에서 은이끼와 함께 널리 퍼져 있다.

[발견 확률 ★★★]

금실이끼

금실이끼과 ***Ditrichum pallidum*** 디트리쿰 팔리둠

어린 삭이 붙어 있는 포자체. 삭병은 가느다란 금실 같다. 전체적으로 섬세한 인상을 준다. 암수한그루이다. (4월 효고현)

생육 장소 저지대~저산지대의 약간 볕이 잘 드는 나지나 제방

분포 북반구

형태·크기 줄기의 길이는 5~10mm이다. 잎의 길이는 1~4mm이며, 옅은 녹색~황록색에 바늘 모양으로 가늘고 길게 자란다. 상반부의 가장자리에는 작은 톱니가 있다. 중륵맥이 두껍다. 삭병은 투명감이 있는 황색으로 길이 4cm 정도에 달하며 실처럼 곧게 자란다. 삭은 원통형이다. 삭모는 부리처럼 끝이 길고 뾰족하다.

주변에 초목 없이 탁 트인 나지, 찻길 옆 경사면, 제방 등에서 자라며, 도심에서도 발견된다. 봄이 되면 길이 4cm 정도의 황색 삭병이 일제히 자라나 그 일대가 금색을 뒤집어쓴 것처럼 보일 정도로 화려해진다. 다만 배우체의 길이가 고작 1cm 정도로 매우 짧아서, 포자체가 자라지 않았을 때는 그 존재 자체를 알아채기 어렵다.

줄기는 짧으며, 바늘 모양의 잎은 거의 보이지 않는다.

메모 근연종에 베니에킨시고케(*Ditrichum rhynchostegium*)가 있다. '금실이끼과'지만 적갈색의 삭병을 가졌다.

새우이끼

[발견 확률 ★★★]

새우이끼과 ***Bryoxiphium japonicum*** 브리옥시피움 야포니쿰

응회암계 지질인 일본 가마쿠라시에서는 산이나 언덕을 절단해 만든 길의 암벽이나 절의 돌담에서 자주 볼 수 있다. (12월 가나가와현)

생육 장소 산지대의 직사광선이 닿지 않으며 약간 습하고 바람이 잘 통하는 암벽이나 바위. 특히 화산암·응회암 지대에서 자주 발견된다.

분포 한반도, 중국, 일본, 극동아시아, 필리핀

형태·크기 줄기의 길이는 1~3cm이며, 많은 잎이 줄기 양쪽에 규칙적으로 2열로 붙어 있다. 줄기 가장 윗부분에 달린 잎은 잎끝이 투명~백색으로, 털처럼 길게 자란다. 삭병은 줄기 끝에서 짧게 자란다. 삭은 난형이며, 삭치는 없다.

옅은 녹색이며, 암벽의 수직면에서 버드나무 가지처럼 아래로 늘어져 자라 벽 한 면을 뒤덮어 커다란 군락을 이룰 때가 많다. 줄기도 잎도 평평하고, 줄기의 가장 윗부분에 붙은 잎끝이 털처럼 길게 자라는 것이 큰 특징이다. 이 털 같은 잎끝이 새우의 더듬이처럼 보인다고 해서 일문명도 새우이끼다. 그리고 봄에 성숙하는 달걀 모양의 삭은 새우의 눈처럼 보이기도 한다.

한국과 일본에서 새우이끼과 이끼는 이 종뿐으로 근연종은 없다. 그 고유한 모습 때문에 초심자가 맨눈으로 가장 구별하기 쉬운 이끼 중 하나다. 암수딴그루이다.

메모 이름은 새우지만 만져 보면 기분 좋게 보들보들한 것이 마치 잘 키운 강아지의 털 같다.

[발견 확률 ★★★]

두루미이끼

브루키아과 *Trematodon longicollis* 트레마토돈 롱기콜리스

삭모를 쓴 부분이 삭의 항아리. 항아리와 삭병의 경계 부분이 삭의 고개다.
(촬영: 요시다 시게미)

봄에 일제히 포자체를 뻗어 낸 군락은 장관을 이룬다. (4월 이바라기현)

생육 장소 저지대~산지대의 약간 그늘진~볕 잘 드는 나지, 화단, 조성지, 모닥불 흔적이 있는 땅 위
분포 한반도, 일본, 유라시아, 미주 대륙
형태·크기 줄기의 길이는 3~10mm로 소형이다. 잎의 길이는 3~4mm이며, 삭병은 1.5~3cm로 길고 황색을 띤다. 삭은 원통형으로 길이 2~3mm이다. 삭의 고개가 삭 항아리 길이의 2배 정도 긴 것이 특징이다.

식물체는 밝은 녹색~황록색을 띤다. 잎의 기부는 폭이 넓지만, 잎 끝은 바늘처럼 가늘고 뾰족하며 구부러져 있다.

전국의 저지대에 많이 분포하지만, 식물체의 높이가 1cm 전후로 선류 중에서도 특히 작아서 찾으려고 해도 좀처럼 찾기 힘든 어려운 이끼다. 게다가 발견해도 초심자는 다른 종과 구별하기가 매우 어렵다.

다만 포자체가 있으면 다르다. 삭병은 투명한 황색으로 아름답고, 삭의 고개는 길고 일정한 두께감이 있다. 삭을 포함해 활 모양으로 구부러진 독특한 모양이라 눈에 잘 띈다. 암수한그루이다.

메모 새롭게 조성한 땅 등에 자주 군락을 이루지만, 길게 정착하지 않으므로 막상 찾으려고 하면 의외로 보이지 않는다.

야마토후데고케

[발견 확률 ★★★]

꼬리이끼과 *Campylopus japonicus* 캄필로푸스 야포니쿠스

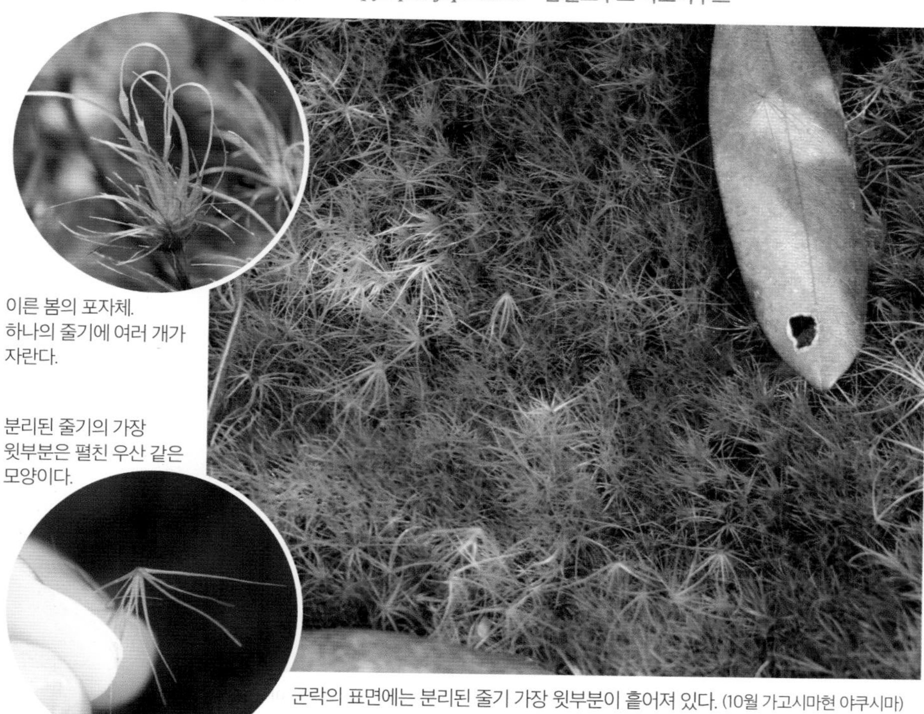

이른 봄의 포자체. 하나의 줄기에 여러 개가 자란다.

분리된 줄기의 가장 윗부분은 펼친 우산 같은 모양이다.

군락의 표면에는 분리된 줄기 가장 윗부분이 흩어져 있다. (10월 가고시마현 야쿠시마)

생육 장소 저산대~아고산대의 볕 잘 드는, 약간 건조한 바위 위나 흙 위

분포 한반도, 중국, 일본

형태·크기 줄기의 길이는 2~6cm이며. 줄기 하부는 갈색의 헛뿌리로 뒤덮여 있다. 잎의 길이는 5~6mm이며, 곧은 바늘 모양으로 건조 시에도 오그라들지 않는다. 중륵맥은 잎끝에서 돌출해 짧고 투명한 까끄라기가 된다.

해가 잘 드는 장소에 언뜻 보기에도 부드러운 군락을 만든다. 식물체의 하부는 흑갈색을 띠며, 상부로 올라갈수록 옅은 녹색~밝은 황록색을 띤다. 줄기의 가장 윗부분이 분리되어 무성 번식한다.

근연종으로는 아기붓이끼가 있다. 야마토후데고케는 잎끝에서 나온 투명한 까끄라기가 짧거나 거의 없는 데 반해, 아기붓이끼의 투명한 까끄라기는 확실히 길다. 또, 아기붓이끼에서 분리된 줄기의 가장 윗부분은 접은 우산 모양이며 약간 단단하다.

아기붓이끼. 식물체의 검은 부분도 더욱 진하다.

메모 최신 연구에 따르면, 이 종을 포함한 붓이끼속은 흰털이끼과에 속한다는 주장이 있다.

[발견 확률 ★★★]

사자이끼

꼬리이끼과 ***Brothera leana*** 브로테라 레아나

늦가을쯤부터
볼 수 있는 무성아

삼나무의 나무줄기에 모여 산다. 암수딴그루로 포자체는 거의 만들지 않는다. (10월 도쿄도)

생육 장소 저지대~산지대. 침엽수(특히 삼나무)의 줄기나 뿌리 부근, 썩은 나무의 줄기
분포 동아시아, 북미 동부권, 아프리카
형태·크기 줄기의 길이는 5~10mm로 소형이다. 잎은 바늘 모양으로 길이는 1.5~3mm이며, 줄기에 방사형으로 빽빽하게 달린다. 철이 되면 줄기 가장 윗부분에 여러 개의 가늘고 긴 무성아가 밀집해 방울 술 모양이 된다.

침엽수(특히 삼나무)의 뿌리 부근이나 썩은 나무에서 자란다. 큰 군락을 이루기도 하고, 가는흰털이끼(59쪽) 등과 섞여 살면서 듬성듬성한 군락을 이루기도 한다. 가는흰털이끼와 느낌은 비슷하지만, 조금 더 작고 잎이 얇으면서 기부부터 선단까지 바늘처럼 가는 것이 특징이다.

비가 그치고 난 뒤, 적당히 습할 때는 벨벳 융단처럼 광택이 돌아 아름답지만, 건조 시에는 흰빛을 띠며 거칠해져서 단번에 볼품없어진다.

줄기 가장 윗부분에 달리는 치어리더의 수술처럼 방울 술 모양인 것은 무성아 덩어리로, 늦가을쯤부터 자주 발견된다.

메모 정확한 이름의 유래는 불분명하지만, 역시 무성아 덩어리가 사자의 갈기처럼 보이기 때문일 것이다.

곱슬혹이끼

[발견 확률 ★★★]

꼬리이끼과 ***Oncophorus crispifolius*** 온코포러스 크리스피포리우스

나무줄기의 뿌리 부분에 모여 자란다. 암수한그루로 포자체를 많이 만든다. (5월 효고현)

생육 장소 일부 그늘~볕 잘 드는 숲의 바위 위나 땅 위. 폭포나 강 근처 바위 위, 적당하게 습도가 유지되는 정원의 바위 위 등. 드물게 나무줄기에서도 자란다.

분포 한반도, 중국, 일본, 극동아시아

형태·크기 줄기의 길이는 3cm 이하로 자란다. 잎의 길이는 3~4mm로 선처럼 가늘고, 건조 시 강하게 오그라들어 돌돌 말린다. 삭의 기부에 혹 모양의 돌기가 있다. 삭치는 적갈색으로, 끝이 2개로 갈라져 있다.

바위 위에서 발견되는 소형의 이끼다. 불투명한 짙은 녹색~밝은 녹색을 띤다. 일문명을 직역하면 '말린잎혹이끼'인데, 건조 시 선처럼 기다란 잎이 돌돌 말리는 점과 삭의 연결 부분에 혹 모양의 돌기가 있다는 점에서 유래했다. 혹은 루페로 보면 바로 확인할 수 있어서 소형이지만 분류가 쉽다.

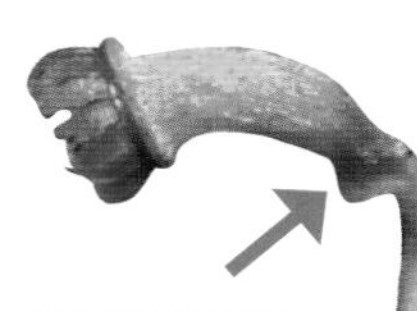

삭의 연결 부분에 혹이 있다.
(촬영: 하토 다케히토)

또, 삭개가 떨어지면 적갈색의 삭치가 보이기 때문에 익숙해지면 멀리서도 알아볼 수 있다.

메모 최신 연구에 따르면, 이 종은 라브도웨이시아과(*Rhabdoweisiaceae*)의 심벨파리스 몬트속(*Symblepharis* Mont)으로 분류된다.

[발견 확률 ★★★]

꼬리이끼

꼬리이끼과 ***Dicranum japonicum*** 디크라눔 야포니쿰

흙이 쌓인 돌담에서 자란다. 습기가 있으면 지상 이외에서도 기를 수 있다. (3월 교토부)

대형 이끼이며 황록색의 둥근 군락이 눈에 잘 띄어 찾기 쉽다. 근연종으로 이 종과 비슷한 장소에서 자라는 큰꼬리이끼, 비꼬리이끼와는 헛뿌리의 색과 잎이 붙은 모양으로 구분이 가능하다.

생육 장소 저산지대 반음지에 있는 부식질의 땅 위

분포 한반도, 중국, 일본

형태·크기 줄기의 길이는 10cm에 달하며, 흰색 헛뿌리가 빼곡히 붙어 있다. 잎의 길이는 7~11mm이고 바늘 모양으로 가늘며, 줄기가 확실히 보일 정도로 성글게 붙어 있다.

메모 학명에 'japonicum'이 붙은 이끼는 그 종을 최초 발견한 곳이 일본이라는 의미다.

가는흰털이끼

[발견 확률 ★★★]

흰털이끼과 *Leucobryum juniperoideum* 레우코브리움 유니페로이데움

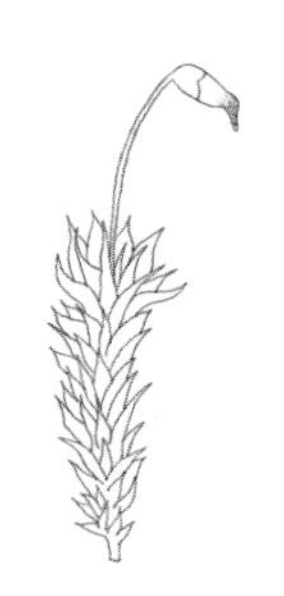

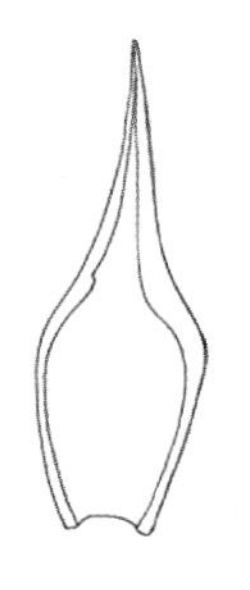

식물체(위)와 잎(아래). 잎은 비교적 두께감이 있고, 흰 광택이 있다.

삼나무의 뿌리 부분에 모여 산다. 삭병은 적갈색이며, 삭개는 긴 부리 모양이다. 암수딴그루이다. (12월 효고현)

생육 장소 산지대의 침엽수 뿌리 부분, 부식토 위, 바위 위. 분재나 이끼 정원 등에서도 자란다. 산성도가 높은 장소를 좋아하며, 석탄암지대 등 알칼리성이 강한 장소는 싫어한다.

분포 유라시아

형태·크기 줄기는 직립하고 길이는 2~3cm이다. 잎의 길이는 3~4mm이며, 기부부터 중간까지는 두텁고 중간부터 가장 윗부분으로 갈수록 급격하게 끝이 가늘어진다. 군락은 만두 모양이 많지만, 편평하게 펼쳐진 모양일 때도 있다.

흰털이끼과 이끼는 건조에 강하며, 잎이 백록색으로 금속성의 광택이 있는 것이 공통적인 특징이다.

그중에서도 이 종은 분재나 이끼 정원에 자주 사용되어서 대중적으로 많이 알려져 있다. 통칭 '산이끼' 혹은 '만두이끼'라고 불리기도 한다. 야생에서는 삼나무의 뿌리 부분에 모여 사는 모습을 자주 볼 수 있다.

건조 시에도 잎이 오그라들지 않아 줄기에 붙지 않아서, 습할 때와 모양의 차이가 별로 없다. 그러나 색은 건조할수록 흰빛이 두드러진다. 잎은 '가는 잎'이라는 이름과 달리 큼지막하고 통통하다. 줄기에서 쉽게 떨어지며, 이것들이 나지에 떨어지면 다시 그곳에서 새로운 식물체가 성장한다.

근연종으로는 아라하시라가고케(60쪽)가 있다.

메모 가는흰털이끼나 아라하시라가고케의 수그루는 종종 암그루의 수백분의 일 크기로 작다.

아라하시라가고케

[발견 확률 ★★★]

흰털이끼과 *Leucobryum bowringii* 레우코브리움 보우링기

식물체(왼쪽)와 잎(오른쪽). 잎은 전체적으로 가느다란 바늘 모양. 약간 광택이 돈다.

잎끝은 가늘고 뾰족하게 여기저기로 뻗는다.

군락은 만두 모양·편평하게 펼친 모양이다. 포자체는 드물다. (8월 가고시마현 야쿠시마)

생육 장소 가는흰털이끼와 같다.
분포 아시아의 열대~아열대
형태·크기 줄기는 직립하며 길이는 2~3cm이다. 잎의 길이는 10mm 전후이며, 기부에서 끝으로 매끄럽게 가늘어지며 끝부분에서 굴곡진다.

가는흰털이끼(59쪽)와 매우 비슷하지만, 가는흰털이끼가 일본 전역에 널리 자생하는 것과 달리 이 종은 서일본을 중심으로 서식한다. 게다가 가는흰털이끼의 잎끝은 어떤 잎이든 대체로 같은 방향으로 뻗지만, 이 종의 잎끝은 바늘처럼 가늘고 굴곡진 것이 특징이다.

그리고 이 종이나 가는흰털이끼와 분위기가 닮은 데다, 똑같이 삼나무 줄기를 좋아하는 이끼로 선오름이끼(선오름이끼과)가 있다. 잎은 짙은 녹색이며, 건조 시에는 잎이 약하게 말린다. 잎끝에 자주 하얀 무성아가 달리는 등의 특징으로 구별할 수 있다.

선오름이끼. 잎끝에 하얀 무성아가 달려 있다.

메모 일본 야쿠시마에서 볼 수 있는 이끼는 황엽흰털이끼 쪽이 압도적으로 많다. 게다가 왜인지 굉장히 대형으로, 혼슈에서 나는 것과의 크기 차이에 깜짝 놀라게 된다.

오시라가고케

[발견 확률 ★★★]

흰털이끼과 *Leucobryum scabrum* 레우코브리움 스카브룸

줄기가 자라면 생육 기물에서 아래로 늘어진다. 대부분 포자체가 달리지 않는다. (8월 나라현)

생육 장소 산지대의 반음지 흙 위나 바위 위, 나무의 뿌리 부근. 경사면에 많다.

분포 중국, 아시아의 열대

형태·크기 이끼 중에서도 대형이며, 줄기의 길이는 5cm 이상이다. 잎은 두꺼운 편이고 길이는 약 10mm에 달하며 바늘 모양으로 잎끝에 돌기가 있다. 중륵맥은 없다.

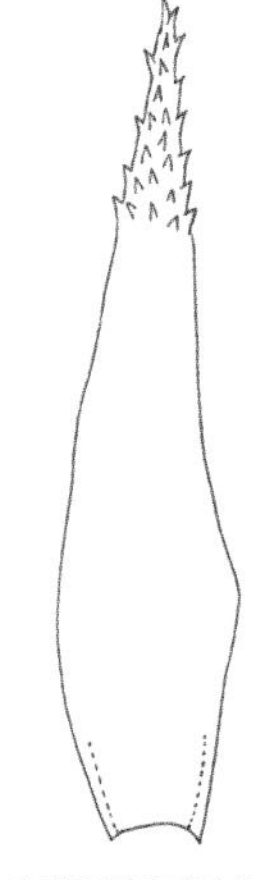

잎끝에 돌기가 있다.

온난한 지역에 많으며, 주로 계곡의 경사면에 아래로 늘어지듯 생육한다. 큰 군락을 이루지 않고 듬성듬성하게 자라는데, 식물체 그 자체가 크기 때문에 아주 찾기 쉽다.

루페로 관찰할 때는 잎끝 표면(뒷면)을 유심히 봐 보자. 주의 깊게 보면, 커다란 가시 모양의 돌기가 있어 까슬까슬하다는 것을 알 수 있다. 이 돌기가 빛의 산란을 발생시켜 가는흰털이끼(59쪽)나 황엽흰털이끼보다도 광택이 없고, 색도 더욱 탁한 백록색으로 보인다.

메모 밀집된 군락을 만들지 않기 때문에, 원예에 적합하지 않아 사용되는 일이 적다.

[발견 확률 ★★★]

참꼬인이이끼

침꼬마이끼과 ***Barbula unguiculata*** 바르불라 운구이쿨라타

포자체는 가을 무렵부터 자란다. 봄이 한창일 때는 이미 포자를 거의 뿌린 후이다. (4월 오사카부)

생육 장소 저지대~산지대의 볕이 잘 드는 흙 위, 공원의 나지나 나무 심은 곳, 콘크리트 위 등

분포 세계 각지

형태·크기 줄기의 길이는 1~3cm이다. 잎의 길이는 1~2mm 정도이며, 건조하면 강하게 오그라든다. 삭병은 적갈색이며, 삭은 원통형이다. 삭치는 나선형으로 꼬여 있다.

침꼬마이끼과 이끼는 전체 이끼 종의 약 10%를 차지할 정도로 종류가 많고 다양한 환경에서 생육하지만, 저지대에서 익숙하게 볼 수 있는 것은 이 종을 비롯해 키가 작은 소형인 경우가 많다.

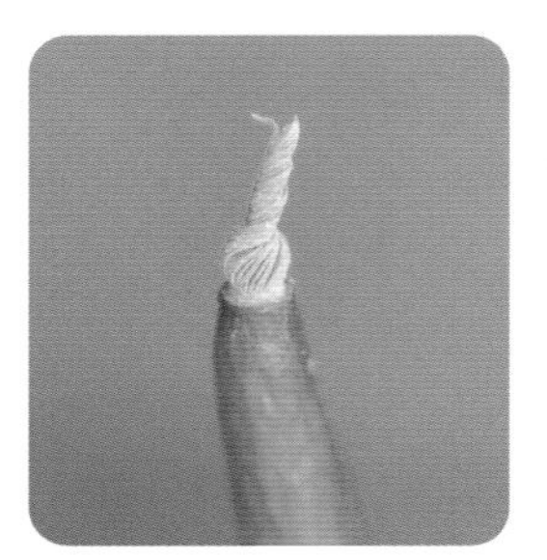

삭치가 심하게 꼬여 있다.
(촬영: 사키야마 슈쿠이치)

황록색의 잎은 펼쳤을 때는 작은 별처럼 보여 앙증맞다. 그러나 건조해서 접히면 주변 환경에 녹아든 것처럼 한순간에 존재감이 옅어져 눈앞에 두고도 알아채지 못할 때도 있다.

가을에 군락에서 일제히 적갈색의 삭병이 자라기 시작하면, 그 장소의 색이 변할 정도로 눈에 띄기 때문에 발견하기 쉽다. 암수딴그루이다.

메모 식물체만으로는 구별이 어려운 이끼에 속한다. 삭개가 떨어져 삭치의 꼬임이 볼 수 있는 봄 무렵에 관찰하는 것을 추천한다.

주고쿠네지쿠치고케

[발견 확률 ★★★]

침꼬마이끼과 ***Didymodon icmadophilus*** 디디모돈 이크마도필루스

콘크리트 위에서 자주 발견된다. 습윤한 상태라면 이처럼 선명한 녹색을 띤다. (4월 일본 국내)

생육 장소 저지대~산지대의 볕이 잘 드는 흙 위, 바위 위, 콘크리트 위. 특히 석회암 지대

분포 중국, 일본, 히말라야

형태·크기 줄기는 4cm 이하로 자란다. 잎은 방사형으로 달리고, 기다란 이등변삼각형 모양으로 끝이 뾰족하다. 중륵맥은 잎끝에 약간 튀어나온다. 무성아는 갈색으로 구형~난형이며 헛뿌리나 잎 옆에 털이 달려 있다.

볕이 잘 드는 콘크리트 면에서 자주 볼 수 있는 이끼이다. 시가지나 교외의 콘크리트 벽이나 지면 외에 산지대의 흙 위나 바위 위에서도 자란다. 석회암 지역에서도 잘 자란다. 편평한 만두 모양의 군락을 이루는 것이 많다.

수직면을 특히 좋아해서 같은 환경을 좋아하는 담뱃잎이끼(64쪽)와 섞여 자라는 모습이 자주 목격된다. 두 종류 모두 '콘크리트 벽의 대표종'이라 할 만하다.

식물체는 암록색~선명한 녹색이다. 건조하면 이등변삼각형의 잎이 줄기에 살짝 달라붙고 검정빛이 도는 녹색을 띤다. 물을 뿌리면 빠르게 잎이 펼쳐지고 녹색으로 돌아온다. 암수딴그루이다.

메모 콘크리트 벽의 대표 종에는 시나치지레고케(*Ptychomitrium gardneri*)나 곱슬이끼도 있다. 둘 다 작은 덩어리 형태의 군락을 이루며, 건조 시 전자는 안으로 굽고, 후자는 말려 오그라든다.

[발견 확률 ★★★]

담뱃잎이끼

침꼬마이끼과 ***Hyophila propagulifera*** 히오필리아 프로파구리페라

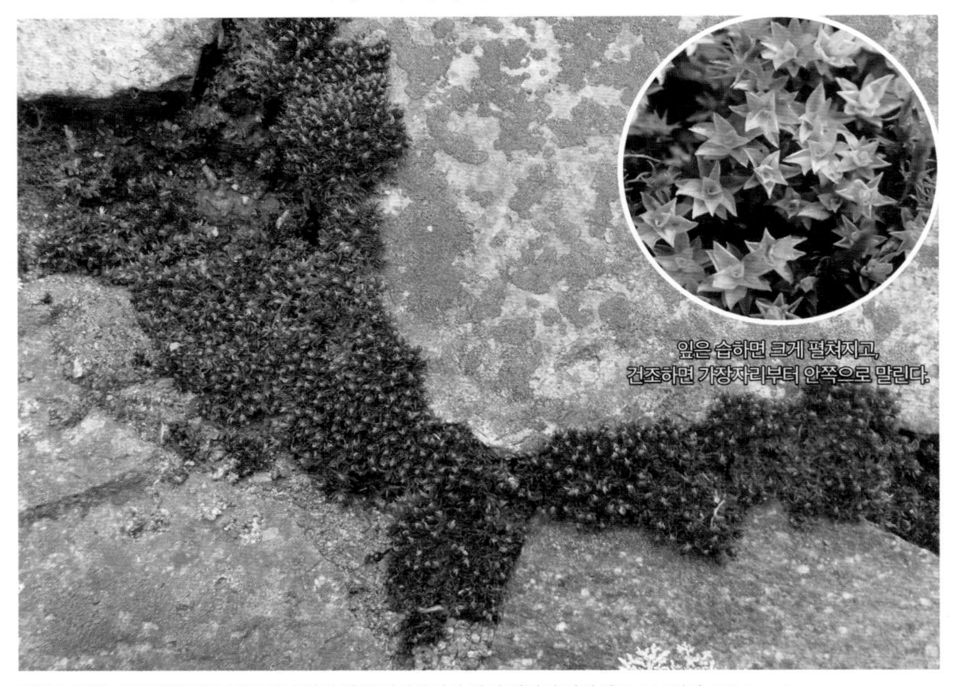

잎은 녹갈색~황록색이지만, 건조해서 잎의 양쪽 가장자리가 말려 접히면 다갈색으로 보인다. (4월 효고현)

생육 장소 저지대~산지대의 볕이 강한 돌담, 떨어져 나온 돌, 콘크리트의 지면이나 벽 등

분포 동아시아

형태·크기 줄기의 길이는 약 1cm 이하다. 잎의 길이는 1.5~2mm이며 줄기에 방사형으로 달려 있다. 식물체의 상부에 밀집해 있으며, 건조하면 말리고 습하면 바로 펼쳐진다. 중륵맥은 잎의 가장 윗부분까지 뻗는다. 잎의 가장자리에 톱니는 없다. 삭병의 길이는 3~8mm이고, 삭은 원통형이며, 삭치는 없다.

강한 빛이나 건조에 아주 강하고, 도심에서 가장 흔하게 볼 수 있다. 민가의 벽돌담이나 도로변 콘크리트 벽, 도랑 등에 시들어 보이는 갈색의 이끼 군락을 발견했다면 대체로 이 이끼다.

암수딴그루로 포자체는 그다지 달리지 않고 가끔 보이는 정도다. 주로 영양번식으로 군락을 넓힌다. 습윤해서 잎이 펼쳐진 식물체를 루페로 관찰하면 잎의 연결 부분에 알 모양(염교 모양)의 무성아가 있는 것을 알 수 있다.

근연종에 이 종과 매우 비슷한 말린담뱃잎이끼가 있다. 아시아, 유럽, 아메리카, 남아프리카, 오세아니아 등 세계 각지에 서식한다.

메모 말린담뱃잎이끼는 잎끝에 듬성듬성 톱니가 있으며, 무성아는 별사탕을 닮은 가시가 있다.

구리이끼

[발견 확률 ★★★]

침꼬마이끼과 *Scopelophila cataractae* 스코펠로필리아 카타라크타에

잎은 짙은 녹색이다. 군락은 빽빽하고 두께감이 있어 손으로 누르면 푹신해서 감촉이 매우 좋다.

사찰 경내에 모여 자란다. 황록색의 군락은 마찬가지로 동 이끼로 수세미이끼의 친구이다. (6월 가나가와현)

생육 장소 사찰의 동으로 된 지붕 아래, 그 주변 흙 위나 바위 위, 동상 부근, 동산 근처 등

분포 한반도, 일본, 동남아시아, 인도, 히말라야, 북미, 남미

형태·크기 줄기의 길이는 5~15mm이며, 가지가 거의 갈라지지 않는다. 포자체는 거의 달리지 않는다.

광산의 안벽에서 자라는 이와마센봉고케 (촬영: 아키야마 히로유키)

중금속의 농도가 높은 환경은 보통 식물에는 유독하지만, 이 종은 고농도의 동 이온을 포함한 빗물이 흐르는 장소에서만 자라며, 체내에 동을 축적하는 별종이다. 통칭 '동 이끼'라고 부른다. 일문명은 '혼몬지이끼'인데, 1910년에 일본에서 최초로 발견된 장소인 이케가미 혼몬지라는 절의 이름에서 유래했다.

생육 장소가 한정되어 있어 의외로 찾기 쉽다. 사찰 등의 동으로 된 지붕 아래에 가면, 대체로 짙은 녹색의 매트가 만들어져 있다.

그리고 근연종으로는 동 이온에 내성이 있는 이와마센봉고케(*Scopelophilla ligulata*)가 있다.

메모 동 이끼 같은 별종은 양치식물 중에도 있는데 뱀고사리가 유명하다. 구리이끼 옆에 곧잘 자란다.

[발견 확률 ★★★]

털꼬인이이끼

침꼬마이끼과 *Tortula muralis* 토르툴라 무라리스

잎은 건조 시에 구불구불해진다.

잎은 주걱과 닮은 모양으로 털 모양의 투명한 가시가 있다.

전차 선로 옆 돌담에서. 아담한 군락을 이룬다. (4월 효고현)

생육 장소 시가지의 볕 잘 드는 돌담, 콘크리트 담 등
분포 세계 각지
형태·크기 줄기는 5mm 이하로 자란다. 잎은 장설형으로, 줄기의 상부에 모여 있고, 건조하면 구불구불해진다. 중륵맥은 잎끝에서 길게 튀어나와 투명한 가시가 된다. 삭은 원통형이며, 무성아는 없다.

볕 잘 드는 돌담이나 콘크리트 담 등에서 자주 발견된다. 도심에 많고 담뱃잎이끼(64쪽)나 은이끼(83쪽) 등의 군락과 이웃해 자라기도 한다.

식물체는 암녹색~황록색이다. 다만, 건조해서 잎이 말리면 잎의 녹색은 잘 안 보이고 잎끝에 돌출한 털 모양의 투명한 가시가 군락을 뒤덮어 전체적으로 하얗게 보인다. 멀리서 보면 마치 이끼에 동물의 털이나 먼지가 앉은 것 같아서 약간 지저분한 느낌이지만, 독특한 잎의 모양은 꼭 루페로 확인했으면 좋겠다.

그리고 일본 관서 지방에서는 흔히 볼 수 있지만, 왜인지 관동 지방에서는 그 수가 적다. 암수한그루로 포자체가 자주 달린다.

메모 같은 속에 고모치네지레고케(*Tortula pagorum*)가 있다. 잎은 똑같이 주걱 모양이며 길고 투명한 가시가 있다. 나무줄기에서 자라며, 줄기 가장 위쪽에 무성아가 많이 달린다. 귀화식물이며 포자체는 알려지지 않았다.

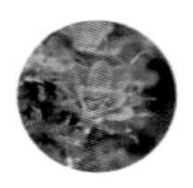

꼬마이끼

[발견 확률 ★★★]

침꼬마이끼과 ***Weissia controversa*** 웨이시아 콘트로베르사

해가 잘 드는 민가의 화단에서. 암수한그루로 포자체를 자주 만든다. (1월 시즈오카현)

생육 장소 반음지~볕 잘 드는 저지대 흙 위나 바위 위, 민가나 공원의 돌담, 민둥땅, 화단 등

분포 세계 각지

형태·크기 줄기의 길이는 5mm 전후이며, 가지가 거의 갈라지지 않는다. 잎의 길이는 2~3mm이며, 건조 시에는 심하게 수축해 잎끝이 갈고리 모양처럼 굽는 것이 특징이다. 삭병은 길이가 약 6~8mm이며 황록색이다. 삭은 난형~원통형이다.

흙 위에서 잘 자라는 작은 이끼다. 식물체는 빼곡하게 모이며, 황록색의 만두 모양의 군락을 이룬다. 그 모습은 나지에서는 눈길을 확 끌지만, 각각의 식물체는 줄기 길이가 고작 5mm 정도로 상당히 작아서 필드에서 구분하기는 어렵다.

기슈쓰보고케. 건조 시의 군락

근연종에는 기슈쓰보고케(*Weissia Kiiensis*)가 있다. 줄기 길이는 약 1.5cm로 크고, 삭병은 0.1mm 이하이며, 삭이 잎 사이에 약간 묻혀 있는 것이 꼬마이끼와의 차이이다.

메모 기슈쓰보고케는 예전에는 '꼬마이끼'라고 알려졌었다.

흰털고깔바위이끼

[발견 확률 ★★★]

고깔바위이끼과 *Grimmia pilifera* 그리미아 필리페라

건조 시의 군락. 물을 뿌리면 순식간에 잎이 벌어지며 표정이 크게 변한다. (12월 효고현)

생육 장소 저지대~아고산대의 탁 트이고 볕 잘 드는 바위 위, 떨어져 나온 돌, 돌담 위 등. 도심의 벽돌담 등에서는 볼 수 없다.
분포 한반도, 중국, 일본, 북미 동부권
형태·크기 줄기는 2cm까지 자란다. 잎은 길이 2.5~4.5mm이며, 마르면 오므라들지 않고 줄기에 달라붙는다. 또 잎끝에는 투명첨이 있고, 건조 시에는 하얀 털처럼 보인다. 삭병이 극단적으로 짧고 삭은 자포엽에 묻혀 있다. 삭치는 붉다. 그리고 삭개가 떨어질 때 삭호 안에 있는 축주가 남아 있다.

볕이 잘 드는 바위 위나 돌담에 흑록색의 덩어리 형태로 자란다. 삭이 달려 있으면 붉은 삭치가 눈에 띄어서 마치 바위 사이에 핀 꽃 같아 귀엽다. 잎끝에 투명첨이 있고, 삭은 자포엽에 묻혀 있는 것이 특징이다. 암수딴그루이다.

형태가 비슷한 근연종이 여러 개 있는데, 섞여 자라는 경우도 있어 눈으로 구분하기 어렵다. 예를 들어 아기고깔바위이끼는 잎끝에 투명첨이 없거나, 있어도 아주 적으며, 삭개의 탈락과 동시에 삭호(삭의 둥근 아랫부분 - 옮긴이) 안에 있는 축주도 함께 떨어지는 등의 차이가 있다.

메모 일문명(게기보시)에 들어가는 '기보시'는 삭의 모양이 다리나 절의 난간 기둥 윗부분을 장식하는 '의보주'와 닮았다는 데서 유래했다.

된서리이끼

[발견 확률 ★★★]

고깔바위이끼과 ***Racomitrium lanuginosum*** 라코미트리움 라누기노숨

건조 시 군락은 서리가 내린 것처럼 하얗게 보인다. (3월 가고시마현 야쿠시마)

생육 장소 아고산대~고산대의 볕 잘 드는 흙 위, 부식토 위, 바위 위, 용암 위. 약간 그늘진 곳에서도 자란다.

분포 전 세계 온대~한대

형태·크기 줄기는 길이 3~5cm이며, 더욱 길게 자라기도 한다. 잎은 길이 약 3.5mm이고, 잎끝은 가늘고 길며 뾰족하고 투명한데, 가장자리에 톱니가 있다. 식물체는 암녹색~흑록색이지만, 마르면 잎끝의 투명첨이 더욱 회녹색으로 보인다.

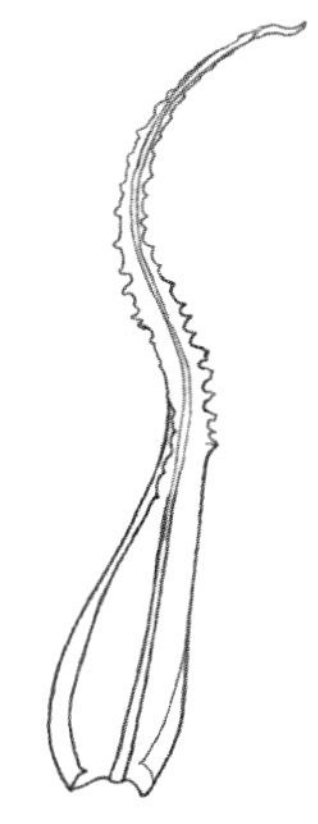

잎끝과 투명첨의 가장자리에 날카로운 가시 모양의 톱니가 있다.

아고산대~고산대의 탁 트이고 볕 잘 드는 흙 위나 바위 위 등에서 볼 수 있는 고산성의 이끼다. 고깔바위이끼과 중에서는 중형~대형 크기다. 아고산대 이상의 산 정상을 목표로 하는 등산가라면 만날 확률이 높다.

잎끝에서 자라난 투명첨은 매우 길어서 마치 앙고라 니트 같다. 건조 시에 잎이 줄기에 달라붙으면, 동시에 이 투명첨이 식물체의 표면을 휘감는다. 이러한 방식으로 고산지대의 강한 햇빛으로부터 몸을 보호한다.

메모 암수딴그루로 혹독한 환경에서 자라기 때문인지 포자체를 만드는 경우는 드물다. 발견한다면 럭키.

늦은서리이끼

[발견 확률 ★★★]

고깔바위이끼과 ***Racomitrium japonicum*** 라코미트리움 야포니쿰

암수딴그루로 포자체는 가을 무렵부터 자란다. 삭모는 고깔처럼 길어서 난쟁이들의 모자 같다. (12월 시즈오카현)

생육 장소 저지대~아고산대의 볕 잘 드는 모래 지질의 흙 위나 바위 위. 잔디 틈, 주차장의 구석, 녹화 사업으로 조성된 도시의 옥상·벽면에도 자란다.
분포 한반도, 중국, 일본, 극동아시아, 베트남
형태·크기 줄기는 길이 1~3cm이며, 가지가 거의 갈라지지 않는다. 잎은 방사형으로 달리며, 건조하면 줄기에 나선형으로 달라붙는다. 습하면 뒤집어 펼쳐져 별 모양으로 보인다. 또, 잎끝에는 투명첨이 있다. 삭병의 길이는 약 2cm이다. 삭은 원통형이며, 삭모는 길고 뾰족하다.

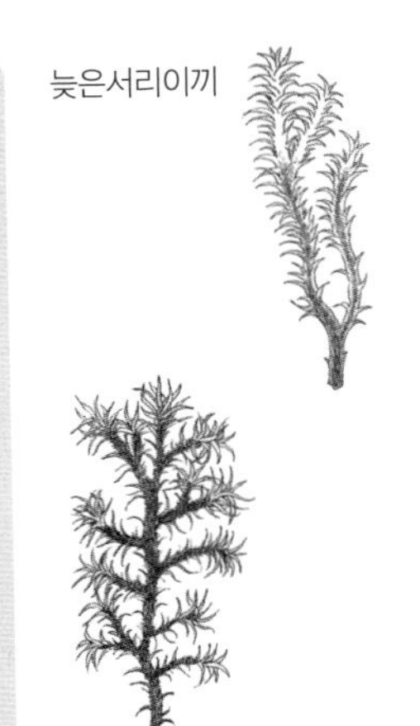

옅은 녹색~황록색을 띤다. 습기가 차면 순식간에 아름다운 별 모양으로 잎이 펼쳐져 인기가 많은 이끼이다. 장기간 건조에도 강하고, 최근에는 원예나 옥상 녹화 등에 많이 이용된다.

근연종은 고바노스나고케(*Niphotrichum barbuloides*)이다. 외견은 똑 닮았지만, 늦은서리이끼는 가지가 거의 갈라지지 않는 데 비해 짧은 가지가 많이 나온다는 차이가 있다.

메모 옛날 일문명은 스나고케(모래이끼)였는데, 분류 연구가 진행된 결과 '에조'가 앞에 붙어 '에조스나고케'가 되었다. 지금도 '스나고케'라고 불린다.

갈색민서리이끼

[발견 확률 ★★★]

고깔바위이끼과 ***Racomitrium anomodontoides*** 라코미트리움 아노모도토이데스

바위 표면에서 아래로 늘어져 자라며, 끝부분이 하늘을 올려다보듯 서 있다. 암수딴그루이다. (2월 도쿄도)

생육 장소 저산대~아고산대의 볕 잘 드는 바위 위나 돌담 위. 반음지에 약간 습기가 있는 장소에서도 볼 수 있다.
분포 한반도, 일본, 대만, 동남아시아
형태·크기 줄기의 길이는 약 10cm에 달한다. 줄기에서 기다란 가지가 불규칙하게 나온다. 잎은 가늘고 길며, 잎 끝이 뾰족하지만 투명첨은 없다.

광택이 없는 녹갈색~황록색이며, 바위 위나 돌담 위를 기거나 아래로 늘어져 자란다. 이름에 '서리이끼'가 붙는 이끼 중에서는 대형으로, 줄기는 약 10cm에 달한다. 가지가 약간 갈라져 자라며, 가지도 길게 자란다.

습해서 잎이 펼쳐진 상태일 때는 군락 전체가 푹신해서 부피감이 있지만, 건조하면 잎이 줄기와 가지에 딱 붙어서 가늘고 길게 보이기 때문에 순식간에 가냘픈 인상으로 바뀐다.

크기의 차이로 늦은서리이끼, 고바노스나고케(*Niphotrichum barbuloides*)와 구별하긴 쉽다. 또 색도 이 2종과 비교해서 투명함이 없고, 특히 건조 시에는 황색 빛이 짙어진다.

메모 해가 잘 드는 장소에서 흔히 볼 수 있지만, 너무 건조한 장소에서는 잘 자라지 못한다. 숲 가장자리의 습윤한 바위 위 등에도 모여 산다.

돌주름곱슬이끼

[발견 확률 ★★★]

곱슬이끼과 ***Ptychomitrium linearifolium*** 프티코미토리움 리네아리폴리움

잎은 건조하면 짧은 머리에 파마한 것처럼 엉켜 눈에 띄게 오므라든다. (4월 미에현)

생육 장소 산지대의 볕이 잘 드는 바위 위나 강가의 돌 등. 바위여도 지면에 가까운 곳에는 자라지 않는다.

분포 한반도, 중국, 일본

형태·크기 줄기의 길이는 2~4cm이다. 잎의 길이는 4~6mm이며 바늘 모양이다. 잎의 상부 가장자리에 톱니가 있는데, 투명첨은 없다. 건조하면 눈에 띄게 오그라들며, 습하면 약간 뒤집히듯이 펴진다. 삭병의 길이는 3~7mm이며, 삭모는 깊고 끝이 뾰족하다. 삭은 원통형이며, 삭치는 붉은색이다.

짙은 녹색~검은빛을 띤 녹색이며, 산지의 암반이나 강가에 있는 커다란 돌의 볕이 잘 드는 면에 드문드문 작은 덩어리 형태로 모여 산다. 온난한 지역에 많다. 어린 삭은 가을에 먹는 은행처럼 투명한 녹색으로 삭모에 깊이 싸여 있는데, 성숙하면 옅은 주황색으로 변한다. 그리고 날씨가 좋고 건조한 날에는 붉은색의 삭치를 크게 벌려 포자를 바람에 실어 날린다. 암수한그루이다.

근연종은 물가곱슬이끼다. 아주 비슷해서 초심자가 루페로 구별하기는 어렵지만, 삭병의 길이가 최대 3mm까지로 이 종보다 삭병이 짧고 잎끝이 둥글다. 같은 바위에 붙어 살더라도 물과 조금 더 가까운 장소를 좋아한다.

메모 이외에도 외견이 비슷한 근연종에 시나치지레고케(*Ptychomitrium gardneri*)가 있다. 해가 잘 드는 콘크리트 벽이나 석회암 위에서도 자란다.

깍지이끼

[발견 확률 ★★★]

라브도웨이시아과 *Glyphomitrium humillimum* 글리포미트리움 휴밀리뭄

크림색의 삭모를 쓴, 아직 어린 삭으로 이뤄진 군락. 암수한그루로 포자체는 거의 1년 내내 볼 수 있다. (2월 도쿄도)

생육 장소 저지대의 나무줄기나 가지. 도심에서 흔히 볼 수 있다.
분포 동아시아
형태·크기 줄기는 직립하며 길이는 5~10mm이다. 잎은 바늘 모양이며, 건조하면 줄기에 달라붙는다. 중륵맥은 잎끝까지 뻗는다. 삭병은 길이가 1.5~3mm이며 중간까지 자포엽이 감싸고 있다. 삭모에 깊은 홈이 있다. 삭개는 끝에 부리가 있다. 삭치는 적갈색이며 펼쳐지면 심하게 뒤집힌다.

어린 삭. 흰 선으로 표시한 것처럼 자포엽이 삭병을 칼집 모양으로 감싼다.

건조나 대기오염에 강해서 도심의 가로수 등에서 가장 흔하게 볼 수 있다. 식물체는 직립해 밀집하며, 나무줄기나 가지에 구형의 작은 군락을 만든다. 또 평평하고 넓게 퍼져 나무줄기를 뒤덮기도 한다.

자포엽이 삭병을 감싸는 모양새가 칼집(사야)과 닮았다 하여 일본에서는 사야고케라고 불린다. 포자체를 자주 만든다.

메모 이 종과 나무연지이끼, 고고메고케(*Fabronia matsumurae*), 털거울이끼는 대기오염에 강한 나무줄기성 도심 이끼의 4대천왕이다.

나무연지이끼

[발견 확률 ★★★]

나무연지이끼과 ***Venturiella sinensis*** 벤투리엘라 시넨시스

식물체는 짙은 녹색을 띤다. 포복성이고, 줄기 상부만 곧게 뻗어 자라며 가장 윗부분에 포자체가 달린다. (3월 도쿄도)

생육 장소 저지대의 나무줄기나 바위 위. 도심에서 흔히 발견된다.

분포 한반도, 중국, 일본

형태·크기 줄기는 길이 1~2cm이며, 짧은 가지가 많이 자란다. 잎은 난형으로 줄기에 빼곡히 나고, 건조하면 줄기에 달라붙는다. 중륵맥은 없고, 잎끝이 투명한 돌기가 된다. 삭은 약간 긴 난형이며 잎에 묻혀 있다. 삭모는 끝이 뾰족하다. 삭개에 짧은 부리가 있다. 구환과 삭치가 붉다.

저지대의 나무줄기에서 가장 흔히 볼 수 있어서 도심의 가로수에서도 자주 발견된다. 암수한그루로 주로 겨울에 포자를 뿌린다. 삭이 성숙해서 삭모와 삭개가 떨어지면 입술연지를 바른 것처럼 선명한 붉은색의 삭 입구와 삭치가 드러난다고 해서 일본에서는 '입술연지이끼'라는 별명이 있다.

잎은 난형으로 잎끝이 투명한 돌기가 된다.

초심자는 이 종과 깍지이끼(73쪽)를 혼동하기 쉬운데, 이 종은 잎에 중륵맥이 없고 잎끝에 투명한 돌기가 있다는 점, 삭병이 극단적으로 짧아서 삭이 잎에 묻혀 있다는 점 등의 특징으로 구별할 수 있다.

메모 포자는 삭의 입구에서 복슬복슬하게 부풀어 오르듯 나온다. 이 모양이 녹차 소프트아이스크림 같아서 재밌다.

아기풍경이끼

[발견 확률 ★★★]

표주박이끼과 *Physcomitrium sphaericum* 피스코미트리움 스페에리쿰

도심 교외의 공원에서. 민둥땅에 작은 덩어리 형태로 자라나 있다. (1월 오사카부)

생육 장소 논이나 밭의 두렁, 또는 화단 등 밝고 탁 트인 저지대의 점토질 흙 위에서 자란다.

분포 러시아 동부 지역, 한반도, 중국, 일본, 인도, 유럽

형태·크기 줄기의 길이는 약 5mm다. 잎은 황록색에 투명하며, 길이는 3mm 이하이고 상부에 작은 톱니가 있다. 삭병의 길이는 2~3mm로 짧고, 삭은 반구형에 직경 0.9mm 이하이다. 삭모는 끝이 부리처럼 뾰족하며, 삭치는 없다.

식물체는 매우 작아서 눈에 띄지 않지만, 반구형의 삭이 성숙해 붉은빛이 돌기 시작하면 무심코 눈이 가게 되는 귀여운 이끼다. 포자체는 봄과 가을~겨울, 1년에 2번 나온다. 삭은 반구형이며 입이 크고, 삭이 성숙해서 삭개가 떨어지면 삭치가 없어서 컵 모양처럼 보인다. 일문명인 아제고케는 논두렁(아제)에서 많이 발견된다는 데에서 유래했다. 암수한그루이다.

근연종에 풍경이끼와 큰잎풍경이끼가 있다. 아기풍경이끼와 자주 섞여 자라기도 하는데, 두 종 모두 삭병이 4mm 이상으로 삭의 직경이 크다. 또 봄에만 포자체가 자라는 것도 큰 특징이다.

메모 풍경이끼와 큰잎풍경이끼는 지금까지 삭병의 길이나 포자 표면 모양의 차이로 종을 구별했는데, 식별이 어려울 때가 많다.

[발견 확률 ★★★]

표주박이끼

표주박이끼과 *Funaria hygrometrica* 푸나리아 히그로메트리카

목장 옆의 건물 구석에서 자라는 모습. 오래된 삭과 새로운 삭이 섞여 있다. (5월 효고현)

생육 장소 밝고 습한 나지. 화재 흔적이나 모닥불 흔적, 정원이나 공원의 화단, 화분 속 등

분포 세계 각지

형태·크기 식물체는 매우 작고 줄기의 길이는 1cm 이하다. 잎은 황록색이며 줄기 가장 윗부분에 밀집해 있다. 삭의 모양에서 일문명이 유래했지만, 표주박이라기보다는 서양배 모양이다. 삭병에서 아래로 늘어지며, 건조하면 세로줄이 생긴다. 삭치는 2열이며, 외삭치는 카메라의 조리개 같은 모양이다.

모닥불 흔적 등 토양이 불에 탄 황무지에 나타나며, 주위에 초목이 자라기 전 아주 짧은 기간 동안 생을 사는 1년살이 이끼다. 암모니아가 많은 인가의 정원이나 밭 등에서도 자주 발견된다. 또, 꽃집에서 화분을 사면 종종 이 이끼가 자라고 있을 때가 있어 득을 본 기분이 들기도 한다.

삭은 어릴 때는 녹색이다가 성숙하면 황색~주황색, 시들면 벽돌색으로 변한다. 이 생생한 색을 보면 한눈에 알아볼 수 있다. 삭이 성숙하는 시기는 주로 5~7월 무렵이지만, 이외의 계절에도 볼 수 있다. 암수한그루이다.

메모 최근 체내에 금이나 납을 축적하는 성질이 있다는 사실이 밝혀졌다. 앞으로 중금속을 포함한 산업 폐수 정화의 주역이 될지도?

화병이끼

[발견 확률 ★★★]

화병이끼과 ***Tetraplodon mnioides*** 테트라플로돈 므니오이데스

두메화병이끼
삭병이 다른 세 종보다 짧다. 부식질에서도 자란다.

히메하나가사고케(*Splachnum melanocaulon*)
삭의 목 부분이 우산 모양으로 펼쳐진다.

오쓰보고케(*Splachnum ampullaceum*)
삭의 고개가 항아리 모양처럼 된다.

(촬영: 시마다테 마사히로)

화병이끼. 동물의 배설물 위에서 자란다. (7월 나가노현 기타야쓰가타케산)

생육 장소 고산대~아고산대 동물의 배설물이나 사체
분포 북반구 한랭 지역
형태·크기 줄기의 길이는 3~4cm이다. 잎은 부드럽고 난형이다. 삭병은 길이 1~3cm이며, 삭은 고개(목 부분)가 부풀어 있고, 갈색~흑갈색을 띤다. 암수한그루이다.

동물의 배설물이나 사체 위에서 자라며, 삭의 목부분에서 배설물 같은 악취를 발산해 파리를 유인하여 포자를 퍼뜨리는 희귀종이다. 국내에는 화병이끼와 왼쪽의 세 종류를 포함해 총 4종이 분포하고 있다. 모두 '똥 이끼'라고 불리며 이끼치고는 대형이다.

메모 나가노현 기타야쓰가타케산에서 4종 모두 자라는 것이 확인되었다. 삭은 초여름~늦여름에 걸쳐 성숙한다.

[발견 확률 ★★★]

발광이끼

발광이끼과 *Schistostega pennata* 스키스토스테가 펜네타

빛나는 수많은 점이 원사체다. 배우체는 소형이며 옅은 녹색을 띤다. 포자체는 드물다. 암수한그루이다. (7월 나가노현 기타야쓰가타케산)

생육 장소 산지대~아고산대의 바위틈, 동굴, 나무뿌리 부분의 구멍 속 등의 흙 위. 약간 어둡고 시원하면서 습하다는 조건이 맞으면 드물게 저지대에서도 자란다.

분포 북반구

형태·크기 원사체는 빛을 반사해서 황록색으로 빛나는 것처럼 보인다. 배우체는 소형이며 직립한다. 줄기는 7~8mm이며 가지가 갈라지진 않는다. 잎은 얇고, 줄기에 붙은 기부 부분이 위아래의 잎으로 연결되어 있다. 중륵맥은 없다.

동굴이나 바위틈처럼 약간 어둡고 젖은 흙 위에 모여 산다. 원사체 여기저기에 렌즈 모양의 세포가 모인 부분이 있는데, 그곳이 빛을 받으면 반사해서 빛나는 것처럼 보인다. 이렇게 약간 어두운 장소에서 생장에 필요한 빛을 효율적으로 모으고 있다. 배우체도 있지만, 빛을 반사하는 성질은 없다. 이름이 널리 알려진 이끼지만, 굉장히 예민한 성격으로 조금이라도 환경이 바뀌면 금방 사라져 버린다.

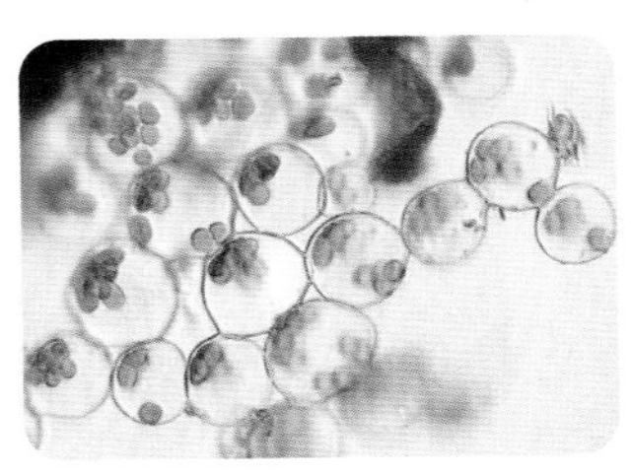

원사체의 렌즈 모양 세포. 녹색 알맹이는 엽록체 (촬영: 사키야마 슈쿠이치)

메모 보통은 산속에서 발견되지만, 절의 참배길이나 돌담, 황궁의 돌담 등 특이한 장소에서도 생육한다.

서양배이끼

[발견 확률 ★★★]

한랭이끼과 *Leptobryum pyriforme* 레페토브리움 피리포르메

삭의 고개(삭병과 삭의 부푼 부분의 경계. 경부)가 긴 것이 특징이다. 식물원 온실에서 (9월 교토부)

생육 장소 저지대~아고산대의 볕 잘 드는 흙 위나 썩은 나무 위, 인가의 정원, 화분, 식물의 온실, 도로변, 밭 등의 흙 위에서도 자란다.

분포 세계 각지

형태·크기 줄기는 길이 5~10mm이다. 줄기의 상부에는 바늘처럼 가늘고 긴 잎이 집중되어 있고, 하부의 잎은 작다. 중륵맥이 두꺼워서 잎의 상부에서는 잎 너비의 대부분을, 하부에서는 반을 차지한다. 삭은 서양배 모양으로 광택이 있다. 성숙할수록 고개가 길어지고, 녹색에서 황색~적갈색으로 색이 변하며 삭병에서 아래로 늘어진다. 암수한그루 또는 이체다.

전 세계적으로 널리 분포하고 주로 저지대의 인가 근처에서 발견되는 흔한 종이다. 그러나 포자체가 나오지 않으면 발견하지 못할 때가 많다.

포자체의 색, 모양, 군락의 분위기로 표주박이끼(76쪽)나 기헤치마고케(80쪽)와 헷갈리기 쉬운데, 이 종은 삭의 고개(경부)가 긴 것이 특징이다. 성숙한 삭이 붙어 있으면 구별이 쉽다.

또, 아주 비슷한 참이끼과 이끼에서는 볼 수 없는 바늘 같은 선 모양의 잎이 줄기 상부에 집중해서 달린 것도 큰 특징으로, 이 종을 구별할 때의 포인트가 된다.

메모 이 종과 같은 서양배이끼속 이끼가 남극 호수와 늪 속에 둥근 기둥 모양의 군락을 이루고, 군락 내에서 조류나 박테리아와 공생하고 있다. 이를 '고케보우즈(또는 이끼 보우즈)'라고 한다.

[발견 확률 ★★★]

기헤치마고케

참이끼과 ***Pohlia annotina*** 폴리아 안노티나

줄기 끝에 달린 털실 같은 것이 무성아 덩어리다. (11월 미에현)

생육 장소 주로 저지대의 해가 잘 들고 약간 젖은 바위 위나 흙 위
분포 아시아, 아메리카 온대~열대
형태·크기 줄기의 길이는 1~2cm이다. 잎의 길이는 1.5~2.5mm이며 바늘 모양이다. 잎겨드랑이(잎이 연결된 부분의 바로 위)에 무성아가 달린다. 삭병은 3~6cm로 길며, 붉은 빛을 띤다. 삭은 서양배 모양이다.

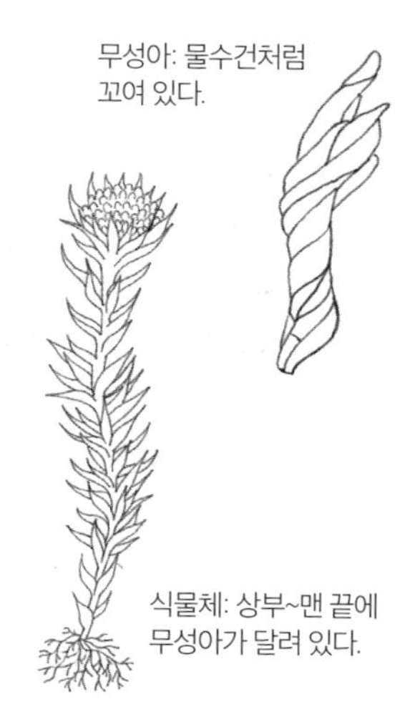

식물체는 밝은 황록색이며, 듬성듬성하게 모여 산다. 볕이 잘 들고 약간 습한 기물을 좋아한다. 잎은 건조 시에는 줄기에 붙지만 별로 오그라들진 않는다. 줄기 상부~끝의 잎 아래 꼬인 실밥 모양의 무성아가 많이 달려 있는 것이 특징이다.

다만 마찬가지로 무성아가 달리고, 생육 장소나 분포가 아주 비슷한 털수세미이끼와 구별이 어렵다.

메모 수세미이끼속 친구들 중에서도 고농도의 납을 축적할 수 있는 '동 이끼'가 있어서 때때로 구리이끼 근처에서 자란다.

가는참외이끼

[발견 확률 ★★★]

참이끼과 ***Brachymenium exile*(*Gemmabryum exile*)** 프라키메니움 엑실(겜마브리움 엑실)

은이끼처럼 만두 모양의 빽빽한 군락을 이룬다. 동일본 지역에 특히 많다. (4월 아키타현)

생육 장소 땅 위나 바위 위, 콘크리트 위, 돌바닥 사이 등. 도심에서 흔하게 자란다.

분포 동아시아, 동남아시아, 하와이

형태·크기 줄기는 길이가 5mm 이하다. 잎은 0.6~1mm이다. 생육 환경에 따라 황록색~약간 탁한 암녹색으로 변한다. 포자는 직립하며 아래로 늘어지지 않는다.

잎: 가느다란 난형이며, 중륵맥이 짧게 돌출해 있다.

식물체: 건조 시에 잎이 오므라들지 않고 줄기에 붙는다.

도심에서 자주 볼 수 있고, 담뱃잎이끼(64쪽), 뱀밥철사이끼(82쪽), 은이끼(83쪽)와 항상 땅따먹기 중이다.

건조 시에 잎이 오므라들지 않고 줄기에 붙어 비늘 모양을 이루며, 하얀 광택이 난다는 점에서 은이끼와 헷갈리기 쉽다. 그러나 식물체 하나를 집어서 보면, 은이끼보다 작고 몸체가 가늘고 연약한 느낌이다. 또 잎에 투명세포가 없고, 전체적으로 녹색을 띤다.

메모 포자체는 드물고, 잎겨드랑이에 난형의 무성아가 붙는다. 이러한 점이 은이끼와 똑같다.

[발견 확률 ★★★]

뱀밥철사이끼

참이끼과 ***Rosulabryum capillare*** (***Bryum capillare***) 로술라브리움 카필라레(브리움 카필라레)

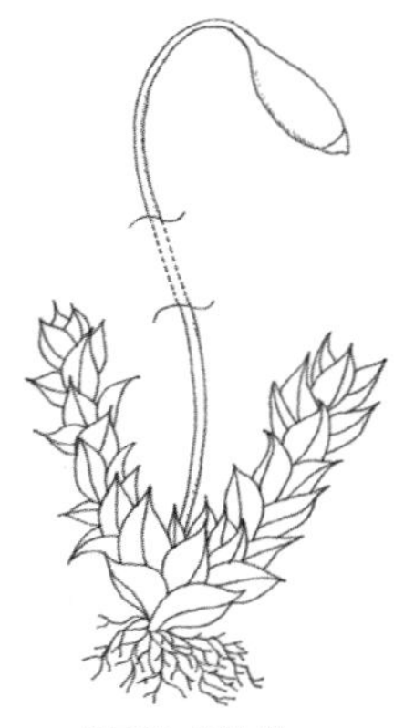

식물체: 습할 때

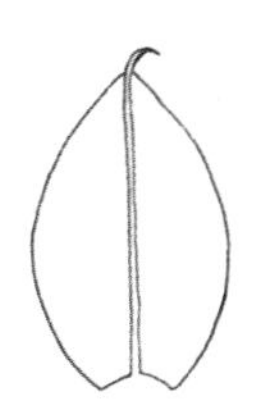

잎: 폭이 넓고 중륵맥이 잎 끝에 길게 돌출되어 있다.

삭이 미숙한 상태, 크게 부풀어 삭모가 떨어진 상태, 작년에 나서 시들어 갈색으로 변한 상태 등 다양한 단계의 뱀밥철사이끼가 한자리에 모여 있다. (3월 시즈오카현)

생육 장소 바위 위, 콘크리트 위나 틈새, 나무뿌리 부근, 나무 화분 속, 지붕 위 등, 도심

분포 세계 각지

형태·크기 줄기는 길이 2~2.5cm이며 기부에 적갈색의 헛뿌리가 달려 있다. 잎은 길이 1.5~2.5mm이며 건조 시 잘 비틀린다. 중륵맥은 잎끝에서 길게 돌출하고, 붉은색을 띠기도 한다. 삭병은 약 4cm 전후로 길게 자라며, 삭은 크고 아래로 늘어진다.

잎은 짙은 녹색~밝은 녹색이다. 군락이 만두 형태 혹은 편평하게 넓게 퍼진 형태로 모여 산다. 암수딴그루이다.

건조 시, 잎은 나선형으로 꼬여서 잎에서 튀어나온 중륵맥이 하얗게 보인다. (촬영: 사키야마 슈쿠이치)

짧은 줄기 상부에 투명하고 부드러워 보이는 녹색 잎이 모여 있고, 줄기 하부는 다갈색의 잎이 듬성듬성하게 붙어 있다. 습할 때는 줄기 상부의 잎은 펼쳐지는 우산의 모양(작은 사기잔 모양)처럼 펴진다. 건조할 때는 잎이 나선 모양으로 강하게 꼬여 접혀서 완전히 다른 모습이다.

메모 콘크리트 틈에서 자라는 도심 이끼 중에서 포자체를 가장 자주 만든다. 포자체가 자라는 계절은 봄이다.

은이끼

[발견 확률 ★★★]

참이끼과 ***Bryum argenteum*** 브리움 아르겐테움

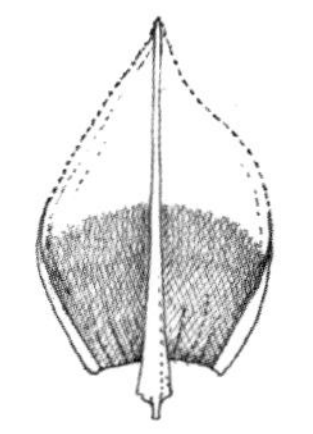

잎: 끝이 투명하고 뾰족하다.

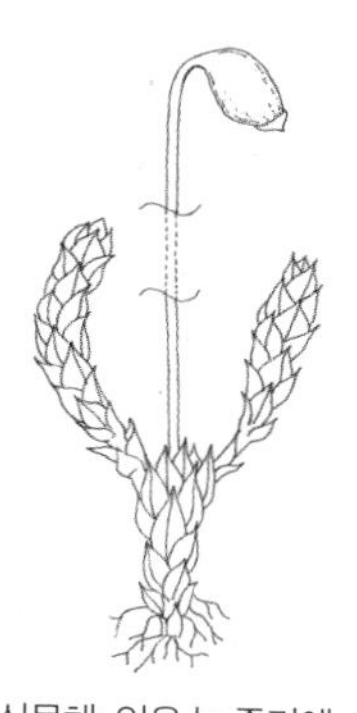

식물체: 잎은 늘 줄기에 달라붙어 비늘 모양으로 겹쳐 있다.

식물체가 어느 정도 밀집하여 둥글고 봉긋한 덩어리를 이룰 때가 많다. (7월 시즈오카현)

생육 장소 저지대~고산지대의 바위 위, 땅 위나 콘크리트 위, 돌담의 벽면, 지붕 위, 도심

분포 세계 각지

형태·크기 줄기는 길이 5~10mm이다. 잎은 길이 0.5~1mm이며, 비늘처럼 촘촘하게 겹쳐 있고 습하거나 건조할 때 모두 줄기에 달라붙어 있다. 습한 장소에서는 녹색이 진해지며, 볕이 강한 장소에서는 녹색이 희미해져 거의 은백색으로 보이기도 한다. 삭은 난형이며 아래로 늘어진다.

길가에서 흔하게 볼 수 있는 종이다. 이끼 중에서도 특히 생명력이 강해서 산 정상이나 남극 등에서도 자란다.

잎의 상반부에 엽록체가 없어 투명하며, 건조하면 이름처럼 은녹색을 띤다. 맨눈으로 구별할 수 있는 대표적인 이끼다.

암수딴그루로 포자체는 드물게 보인다. 한편, 무성아는 가을~봄 사이에 많이 볼 수 있다.

잎이 연결된 부분에 생기는 무성아는 황록색의 공 모양이다. 루페로 확인할 수 있다.

메모 비슷한 종으로는 처녀겉은이끼가 있다. 은이끼보다 가늘고 잎 상반부가 투명하지 않다. 무성아는 갈색이다.

[발견 확률 ★★★]

큰꽃송이이끼

참이끼과 *Rhodobryum giganteum* 로도브리움 기간테움

비가 내리면 우산처럼 잎이 펴진다. 건조 시에는 접은 우산처럼 잎이 오므라든다. (12월 효고현)

생육 장소 숲속 부식토 위
분포 한반도, 중국, 일본, 열대아시아, 하와이, 마다가스카르
형태·크기 직립 줄기는 3~5cm이다. 잎은 길이 1.5~2cm이며, 상부 가장자리에 톱니가 있다. 또, 직립 줄기의 기부가 적자색의 작은 잎으로 덮여 있다는 특징이 있다. 포자체는 하나의 직립 줄기에서 여러 개가 나온다. 삭병은 6~8cm로 길며, 삭은 길이 약 8mm에 원통형이다.

이끼 중에서도 대형으로 마치 녹색 꽃이 핀 것처럼 아름다운 존재감을 뽐낸다. 줄기 하부가 땅속에 묻혀 기는 땅속줄기인 것이 특징이다. 땅속에서 위로 직립 줄기를 뻗어 잎을 피운다. 하나의 군락을 이루는 것들은 사실 같은 땅속줄기로 연결되어 있는 경우가 많다. 암수딴그루이다.

땅속줄기는 보통 흙에 묻혀 있어 보기 힘들다.

근연종은 산꽃송이이끼다. 큰꽃송이이끼와 매우 비슷하지만, 조금 더 작다. 일본 환경성에서 지정한 멸종위기종으로 거의 보기 힘들다.

메모 이끼는 대체로 맛이 없다. 그중에서도 이 종은 맛없기로 유명하다. 입에 넣으면 처음에는 달지만, 그다음에 강렬한 쓴맛이 올라와 달콤하고 쌉싸름한 맛이 한동안 입안에 남는다.

쓰쿠시하리가네고케

[발견 확률 ★★★]

참이끼과 *Rosulabryum billardierii* 로술라브리움 빌라르디에리

저산지대의 바위 위. 낙엽이 지지 않은 곳에 모여 살고 있다. 암수딴그루이다. (3월 도쿠시마현)

생육 장소 저산지대~산지대의 나무 위, 바위 위, 때로는 썩은 나무나 땅 위
분포 아프리카를 제외한 온대~열대
형태·크기 줄기는 수 cm~6cm이며, 하부는 헛뿌리로 빼곡하게 덮여 있다. 잎은 약 3~4.5mm이며, 상부에 작은 이빨이 있고 건조하면 비틀린다. 커다란 잎이 줄기 위에 모여 우산 모양을 이루는 특징이 있다. 중륵맥은 짧게 돌출한다. 삭은 난형이며, 잎겨드랑이에 종종 다갈색의 실 모양 무성아가 달린다.

계곡의 산길 옆 경사면 등 밝고 탁 트인, 그리고 약간 습한 장소를 좋아한다. 커다란 잎이 줄기 가장 윗부분에 모여 우산 모양을 이루는 것이 특징으로 큰꽃송이이끼 등과 비슷하지만, 이 종은 훨씬 작고 땅속줄기도 없다.

또한 줄기 끝에 종종 다갈색의 실 모양 무성아가 보이는 것이 큰 특징이다. 다만, 늘 있지는 않다.

무성아가 없는 군락

메모 이 종과 모양이나 크기가 매우 유사한 이끼로 큰철사이끼가 있다. 줄기는 붉은색이며, 가끔 줄기가 보이지 않을 정도로 무성아가 풍성하게 달린다. 다만, 이 종처럼 상부의 잎만 커져서 우산 모양을 이루지는 않는다.

[발견 확률 ★★★]

좁은초롱이끼

초롱이끼과 *Rhizomnium tuomikoskii* 리좀니움 투오미코스키이

헛뿌리가 잎 위에 펼쳐져 있어 털이 자란 것처럼 보인다. 대체로 어린 식물체에서는 자라지 않는다. 암수딴그루이다. (3월 미에현)

생육 장소 계곡 주변의 젖은 바위 위나 썩은 나무 위 등

분포 한반도, 중국, 일본, 극동아시아, 히말라야

형태·크기 줄기는 직립하며 길이는 1~3cm이다. 전면에 갈색의 헛뿌리가 빼곡히 자란다. 그리고 잎 위까지 퍼져, 곧 그곳에 실 모양의 무성아가 올라온다. 잎은 길이 4.5~6mm이며, 가장자리는 둥글고 전연이다. 상부의 잎은 부채 모양이다. 중륵맥은 잎끝이나 끝 주변까지 뻗고, 잎끝은 작고 뾰족하다. 삭병은 3~5cm이며, 삭은 난형이다.

초롱이끼과 이끼는 중형~대형이며, 잎이 불투명 유리처럼 얇아 빛을 통과시키는 종이 많다. 삭은 초롱처럼 삭병 아래로 늘어지듯 달려 있다.

갈색의 헛뿌리에서 녹색의 무성아가 자란다. (촬영: 사키야마 슈쿠이치)

이 종은 계곡 주변에 많고, 잎 위에 덥수룩하게 털이 자라 있어서 처음 봤을 때는 상당히 충격을 받는다. 털로 보이는 것은 줄기에서 올라온 헛뿌리이며, 끝에 실 모양의 무성아를 달아 주변에 날린다.

메모 근연종으로는 핫토리초칭고케(*Rhizomnium hattorii*)가 있다. 헛뿌리가 잎 위에 자라지 않고, 잎의 중륵맥도 잎끝까지 뻗지 않는다.

아기초롱이끼

[발견 확률 ★★★]

초롱이끼과 *Trachycystis microphylla* 트라키키스티스 미크로필라

수그루의 웅화반

암수딴그루. 다른 초롱이끼과 이끼와 비교하면 투명함이 없다. (6월 가나가와현)

생육 장소 저지대의 흙 위, 바위 위, 절의 돌담이나 정원

분포 동아시아

형태·크기 줄기는 길이 2~3cm이다. 줄기 끝의 생식기관 바로 아래에서 여러 개의 가지가 나온다. 잎은 가늘고 길며 끝이 뾰족하다. 건조하면 잎이 눈에 띄게 말린다. 삭병은 길이 1~2.5cm이며, 삭은 타원형이다. 수그루는 웅화반이 생긴다.

직립성 이끼이면서 둥근 여우 꼬리 같은 모양으로 바위나 돌담에 늘어지듯 자란다. 흔한 종이지만, 아기들덩굴초롱이끼(90쪽)처럼 도심에서 보기는 힘들며, 절의 돌담이나 일본식 정원 등 사람의 왕래가 적고 조용한, 그늘진 장소를 좋아하는 듯하다. 이끼 중에서도 가장 빠르게, 아직 추위가 남은 이른 봄에 선명한 황록색의 새로운 가지와 초롱 모양의 삭을 틔우는 것이 특징이다.

또한 새로운 가지가 나는 계절이 끝나면, 식물체의 색은 녹색~어두운 녹색으로 차분해진다. 다음 해 봄이 올 무렵에는 오그라들어 검은빛을 띠며 시든 듯한 모습으로 변하는데, 그것을 덮듯이 새로운 다음 가지가 나온다.

메모 이 종의 군락에는 왜인지 주황색의 작은 버섯 '이끼패랭이버섯'이 종종 자란다.

[발견 확률 ★★★]

털아기초롱이끼

초롱이끼과 *Trachycystis flagellaris* 트라키키스티스 플라젤라리스

잎은 밝은 녹색~짙은 녹색이다. 줄기 끝의 생식기관을 둘러싸듯 무성아가 자란다. (7월 나가노현 기타야쓰가타케산)

생육 장소 산지, 특히 아고산대 반음지의 썩은 나무 위나 바위 위
분포 동아시아, 북미 서부권
형태·크기 줄기는 약 2cm 길이이며, 대부분 가지가 갈라지지 않는다. 생식기관이 달린 줄기 끝에서 작은 가지 형태의 무성아가 여러 개 나온다. 잎은 길이 약 3mm이며 가늘고 긴 난형에 끝이 뾰족하다. 잎 가장자리에 톱니가 있다. 수그루는 웅화반이 생긴다.

특히 북방의 산지에서 흔히 볼 수 있다. 줄기는 직립하며 길이는 2cm 정도로 초롱이끼과 중에서는 중형에 속한다. 다른 초롱이끼 친구들과 비교했을 때 잎의 투명함이 약간 덜하고 아기초롱이끼(87쪽)와 색이 비슷하다. 암수딴그루이다.

가장 큰 특징은 식물체의 끝에 삐죽이 자라난 작은 가지 모양의 무성아다. 쉽게 퍼지도록 부러지기 쉬운 구조로 되어 있다. 그리고 이 무성아는 수그루·암그루와 함께 생식기관이 달린 개체에서만 볼 수 있다.

정말 독특한 모습이지만, 실제로 보면 매우 아름다워서 섬세한 유리공예품을 감상하는 듯한 호화로운 기분이 든다.

메모 성숙한 어른 그루에만 무성아가 달린다. 생식기관이 미성숙한 어린 개체는 무성아가 달리지 않는다.

산얇은초롱이끼

[발견 확률 ★★★]

초롱이끼과 *Pseudobryum speciosum* 프세우도브리움 스페키오숨

다음 봄을 대비해 이르게 삭병을 뻗기 시작한 군락. 암수딴그루이다. (10월 나가노현 기타야쓰가타케산)

생육 장소 아고산대 삼림 지표면의 부식토 위나 쓰러진 나무 위
분포 한반도, 일본
형태·크기 대형으로 줄기는 약 10cm 정도로 자라며, 줄기는 갈라지지 않는다. 잎은 길이 약 1cm 이하이며 긴 타원형으로 끝이 뾰족해 물결치는 듯한 가로줄이 잔뜩 있다. 건조해도 그다지 오그라들지 않는다. 또, 잎 가장자리 전체에 길게 날카로운 톱니가 있다. 중륵맥은 잎끝까지 뻗는다. 포자체는 1개의 식물체에서 4~6개가 나온다.

아고산대 삼림 지표면에 모여 사는, 정말 당당한 풍모의 이끼다. 초롱이끼과 중에서 가장 대형으로 키가 커서, 똑바로 선 줄기의 길이는 약 10cm에 달한다. 잎은 기다란 타원형으로 끝이 뾰족해서 강하게 물결치는 것이 특징이다. 나뭇잎 사이로 비치는 햇살이 물결치는 잎에 반사되면 반짝반짝 빛나서 이 이끼가 있는 숲은 유독 밝아 보인다.

포자체는 한 번에 4~6개가 나온다.
(촬영: 하토 다케히토)

메모 별명은 '떡갈나무잎초롱이끼'다. 잎의 모양이 떡갈나무 잎과 닮은 데서 유래했다.

[발견 확률 ★★★]

아기들덩굴초롱이끼

초롱이끼과 ***Plagiomnium acutum*** 플라기옴니움 아쿠툼

포자체가 달린 암그루

수그루의 웅화반
(촬영: 나카지마 히로미쓰)

촬영: 히라오카 쇼자부로

기다란 포복성 줄기 사이에 점점이 웅화반이 달린 직립 줄기가 보인다. (5월 일본 국내)

생육 장소 저지대~산지대의 땅 위나 바위 위. 정원이나 공원

분포 아시아(동부~동남부), 히말라야

형태·크기 직립 줄기는 길이 약 2~4cm이다. 포복줄기도 가지고 있다. 잎은 상부에 톱니가 있다. 중륵맥은 명료하며 잎끝까지 뻗는다. 수그루는 웅화반이 생긴다.

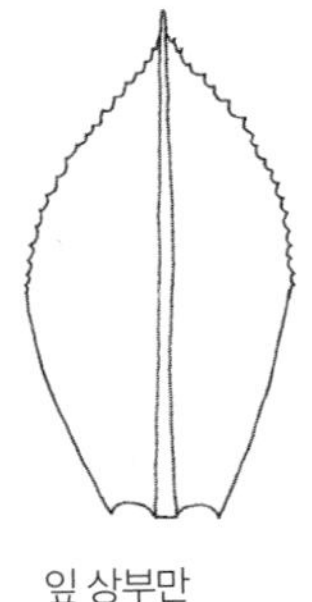

잎 상부만
뾰족한 것이 특징

도심의 정원이나 공원에서 흔히 볼 수 있다. 봄에 황록색의 새싹과 항아리 모양의 삭이 달린 군락은 아름다워서 도심의 봄을 상징한다.

하나의 식물체에 직립 줄기와 포복 줄기를 모두 가지고 있는 것이 특징이다. 직립 줄기는 줄기 끝에 생식기관을 갖추는 역할을 한다. 포복 줄기는 길게 뻗어 지상에 닿은 끝부분에 헛뿌리를 내리고 새끼 그루를 만들어 군락을 넓힌다. 암수딴그루이다.

근연종은 들덩굴초롱이끼이다. 외견은 아기들덩굴초롱이끼와 아주 비슷해서 전문가도 구별하기 어렵다. 암수한그루이다.

메모 봄에는 아름답지만, 건조한 계절이 되면 잎이 오그라들어 색이 바래므로 늦가을 무렵엔 상당히 볼품없어진다.

덩굴초롱이끼

[발견 확률 ★★★]

초롱이끼과 ***Plagiomnium maximoviczii*** 플라기옴니움 막시모빗찌

언뜻 아기들덩굴초롱이끼와 비슷하지만, 잎이 혀 모양이며 물결치는 것이 큰 특징이다. 암수딴그루이다. (6월 미에현)

생육 장소 산지대의 습한 반음지의 땅 위나 바위 위
분포 아시아
형태·크기 직립 줄기와 포복 줄기를 모두 갖췄다. 잎은 혀 모양으로 약하게 물결치며, 잎 가장자리에 아주 작은 톱니가 있다. 중륵맥은 잎끝까지 뻗는다. 수그루는 웅화반이 생긴다.

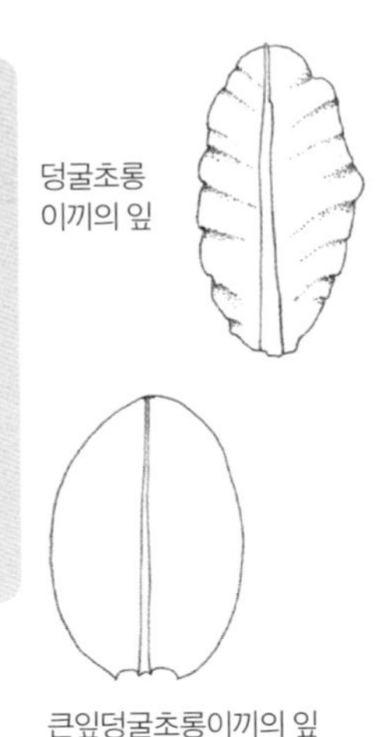

한 개의 식물체가 아기들덩굴초롱이끼처럼 직립 줄기와 포복 줄기를 모두 갖추고 있다. 산지대의 숲속 등 반음지에 약간 습한 장소에서 자란다. 잎은 혀 모양의 타원형이며 물결치는 것 같은 가로 주름이 있다. 그리고 루페로 유심히 관찰하면 잎의 가장자리 전체에 나 있는 아주 작은 톱니를 확인할 수 있다.

근연종은 큰잎덩굴초롱이끼이다. 잎은 난형~타원형으로 어딘지 모르게 커피 콩을 연상시키는 모양이다. 가로줄은 없다. 계곡가의 바위 위나 바위에 맺히는 물이 떨어지는 암벽 등 항상 물에 젖어 있는 장소에서 자란다.

메모 보기 좋은 시기는 봄~초여름이다. 암그루는 한 번에 여러 개의 포자체를 뻗으며, 수그루의 수화반은 꽃 핀 것처럼 아름답다.

[발견 확률 ★★★]

너구리꼬리이끼

너구리꼬리이끼과 ***Pyrrhobryum dozyanum*** 피로브리움 도지아눔

삭은 완만하게 굽은 원통형으로 가을~겨울에 성숙한다. 줄기 끝의 밝은 녹색은 새싹이다. '족제비 꼬리'라는 별명이 있다. (7월 도치기현)

생육 장소 산지대 음지~반음지의 숲 바닥 부식토 위. 계곡가 등 습도가 높은 장소를 좋아한다. 이끼 정원에서도 자란다.

분포 한반도, 중국, 일본

형태·크기 줄기의 길이는 5~10cm이며, 줄기 기부에서 중부까지 종종 적갈색의 헛뿌리로 덮이는 것이 특징이다. 잎은 황록색~진녹색이다. 잎은 바늘 모양이고 길이는 10mm 전후이다. 건조하면 안쪽으로 말린다. 암수딴그루이다.

히로하히노키고케: 삭병이 줄기가 연결된 부분에서 자란다.

너구리꼬리이끼: 삭병이 줄기 중간에서 자란다.

둥글고 우아한 형태와 부드러운 촉감으로 인기 있는 이끼이다. 산지대에서 자라며 작고 풍성한 군락을 점점이 이루어 숲 바닥에서도 쉽게 눈에 띈다.

근연종은 이 종보다 작은 히로하히노키고케(*Pyrrhobryum spiniforme*)이다. 두 종이 이웃해서 자라기도 하지만, 히로하히노키고케는 줄기에 헛뿌리가 적어서 삭병이 달리는 위치가 다르다.

메모 히로하히노키고케는 부식토 외에도 삼나무와 같은 침엽수의 뿌리 부근이나 그루터기에서도 잘 자란다.

구슬이끼

[발견 확률 ★★★]

구슬이끼과 ***Bartramia pomiformis*** 바르트라미아 포미포르미스

이끼 애호가들 사이에서는 부동의 인기를 자랑하며, '구슬이'라는 애칭도 있다. 암수한그루이다. (3월 나가노현)

생육 장소 산지대의 음지~약간 해가 잘 들고, 습도가 안정된 흙 위나 바위 위. 산길 옆 경사면의 흙 위나 움푹한 곳에서도 잘 자란다.

분포 북반구

형태·크기 줄기는 길이 4~5cm이며, 하부는 다갈색의 헛뿌리로 덮여 있다. 잎은 길이 4~7mm이며 바늘처럼 가늘고 길다. 건조하면 확연히 오그라든다. 삭병은 길이 1.5~2.5cm이며, 삭치는 적갈색이고, 삭은 구형이다.

밝은 황록색이며 반구형의 군락을 이룬다. 3~4월 무렵에 구형의 삭이 잔뜩 맺힌 모습이 마치 초록의 바늘꽂이 같아서 정말 귀엽다. 반면, 적갈색의 삭치는 어딘지 '외눈박이 귀신'을 연상시켜 약간 기분 나쁘기도 하다.

건조하면 잎이 오그라들어 덜 귀엽다.

깊은 산속보다는 산길 옆 등 밝은 경사면에서 자주 보인다. 종종 자신의 무게를 견디지 못하고 군락째로 경사면에서 굴러떨어지기도 하니, 발견하면 원래 자리로 놓아 주자.

메모 혹시 구슬이끼 군락에서 새하얀 자루가 몇 개나 자라 있다면 주의하길. 포자체가 '구슬이끼 기생균(*Eocronartium muscicola*)'에 감염됐을 가능성이 높다.

[발견 확률 ★★★]

낫물가이끼

구슬이끼과 ***Philonotis falcata*** 필로노티스 팔카타

주택가의 수로에서. 만지면 손가락에 작은 알갱이 같은 무성아가 달라붙는 경우가 있다. 암수딴그루이다. (10월 효고현)

생육 장소 저지대~산지대의 밝고 물에 젖은, 또는 습한 땅 위나 바위 위. 계곡가 외에 논밭이나 주택가의 수로, 공원의 물가 등에서도 자란다.

분포 아시아의 온대~열대

형태·크기 줄기는 길이 2~5cm이다. 잎은 길이 1~2mm이며, 약간 폭이 있는 바늘 모양에 끝이 뾰족하고, 상부가 접힌 것처럼 보이기도 한다. 습하다고 크게 퍼지지 않고 늘 줄기에 붙어 있다. 건조하면 줄기에 딱 달라붙는다. 중륵맥은 잎끝 직전까지 뻗는다. 삭은 구형이다.

밝은 장소의 물에 젖은 흙 위나 바위 위에 자라기도 하고, 논밭이나 주택가의 수로에서도 잘 자란다. 군락은 편평하지 않고 어느 정도 덩어리져 들쑥날쑥하게 기물을 덮는다. 형광색에 가까운 선명한 황록색을 띠며, 물방울을 머금어 반짝이는 모습은 보는 사람의 마음도 밝혀 줄 정도로 아름답다.

잎은 폭이 약간 넓고, 잎과 잎 사이에서 줄기가 보일 정도로 잎이 듬성듬성하게 난 것이 특징이다.

군락 위에 맺힌 물방울이 반짝인다.

메모 잎의 세포 표면에 있는 아주 작은 돌기가 수분을 튕겨 내어 물이 맺힌다. 물이 많은 곳을 좋아하지만, 물에 젖지 않는 이끼이다.

금강물가이끼

[발견 확률 ★★★]

구슬이끼과 ***Philonotis thwaitesii*** 필로노티스 트와이테시이

계곡물에 젖은 경사면에 모여 산다. 잎은 건조해도 오그라들지 않고, 줄기에 붙는다. 암수딴그루이다. (12월 가나가와현)

생육 장소 저지대~산지의 반음지~볕이 잘 들고 물에 젖어 있는, 혹은 습한 땅이나 바위 위

분포 아시아(동부~동남부), 스리랑카, 오세아니아

형태·크기 줄기는 적갈색으로 1~2cm 정도로 자란다. 잎은 길이가 1.2~1.5mm 정도이며, 끝이 날카롭고 뾰족한 바늘 모양인데 줄기에 빼곡히 달렸다. 건조하면 가지에 딱 달라붙는다. 또 잎 가장자리 전체에 가느다란 톱니가 있고, 중륵맥은 잎끝에서 돌출한다. 삭병은 길이가 1.5~2.5cm이며 적갈색이다. 삭은 거의 구형이다.

물가이끼 친구들 중에서는 소형에 속한다. 낫물가이끼와 마찬가지로 물가를 좋아하고, 계류 근처의 밝은 땅이나 바위에서 작은 덩어리로 모여 사는 경우가 많다. 잎은 부드러운 황록색이며, 잎끝은 바늘처럼 가늘고 뾰족하다. 건조하면 잎이 줄기에 딱 달라붙어 줄기가 보이지 않는다.

습하면 잎이 살짝 벌어지며, 적갈색의 줄기와 바늘 모양의 날카로운 잎끝이 눈에 띈다.

봄에 구슬이끼(93쪽)처럼 '외눈박이 귀신'과 닮은 삭이 달리는데, 삭병은 작은 배우체에 비해 불규칙하게 길다.

메모 구슬이끼의 삭은 예쁜 공 모양이지만, 이 종은 잘 보면 약간 가로로 길다.

아기선주름이끼

[발견 확률 ★★★]

선주름이끼과 ***Orthotrichum consobrinum*** 오르토트리쿰 콘소브리움

암수한그루. 1년 내내 삭이 달려 있는 모습을 자주 볼 수 있다. '작은구슬이끼'라는 별명이 있다. (4월 야마가타현)

생육 장소 해가 잘 드는 나무줄기
분포 한반도, 중국, 일본
형태·크기 줄기는 직립하며, 길이는 1cm 전후다. 잎은 길이 1.5~2.5mm이고, 가늘고 길면서 끝이 뾰족하다. 건조 시 잎이 오그라들지 않고 줄기에 붙는다. 삭병은 길이 약 0.5mm로 짧고, 삭은 줄기 끝부분에서 직접 나온 것처럼 보인다. 삭모는 종 모양으로 털이 없고, 뚜렷한 세로줄이 있다. 삭은 타원형이며, 건조하면 8개의 세로 주름이 생긴다.

교외를 중심으로 자주 발견되며, 볕이 잘 드는 가로수, 절, 학교 등의 나무에 작은 군락을 듬성듬성 이룬다.

건조 시에는 검은빛이 도는 녹색으로 존재감이 약해지지만, 비가 그치면 선명한 녹색이 살아나 조각보처럼 나무줄기를 장식한다. 끝이 약간 뾰족한 삭모를 깊이 눌러쓴 삭은 도토리를 연상시킨다.

종 모양의 삭모. 건조 시 잎은 줄기에 붙는다.

메모 도심에서는 보기 힘든 이끼지만, 최근에는 도심 이끼 틈에 섞여 자라기도 한다.

금털이끼

[발견 확률 ★★★]

선주름이끼과 *Ulota crispa* 울로타 크리스파

나무줄기나 가지 위에 군락을 만들기 때문에, 아래만 보고 걸으면 놓치기 쉽다. (5월 미야자키현)

생육 장소 저지대~산지대의 나무줄기 상부나 가지 위

분포 전 세계의 한랭 지역

형태·크기 줄기는 직립하며 길이 5~10 mm 정도이다. 잎은 길이 2~3mm이며, 기부만 항아리 모양이고 상부에서 급격히 가늘어진다. 또, 건조 시에는 강하게 말려들어 간다. 삭병은 길이 2mm 전후로 짧다. 삭모에는 아래부터 위로 향해 긴 털이 잔뜩 나 있다. 삭의 고개는 길고, 거꾸로 된 달걀 모양이며 건조 시 8개의 세로줄이 생긴다. 암수한그루이다.

주로 산지의 주변이 탁 트이고 해가 잘 드는 나무줄기 상부나 가지 위에 작은 원 모양의 군락을 만든다. 맨눈으로 알 수 있을 정도로 이름처럼 삭모에 금색의 긴 털이 잔뜩 나 있는 것이 특징이다. 잎은 습할 때는 밝은 녹색이지만, 건조할 때는 강하게 수축해 말리며 검은빛을 띤 녹색이 된다.

삭모에 털이 풍성하게 난 점이나, 건조하면 잎이 눈에 띄게 말린다는 점이 민긴금털이끼(98쪽)와 비슷하다. 그러나 금털이끼는 줄기가 직립성에 군락도 작게 뭉치지만, 민긴금털이끼는 포복성에 넓게 기어가서 얇고 큰 군락을 이룬다. 또, 금털이끼의 삭에는 긴 고개가 달려 있다는 점에서 민긴금털이끼와 큰 차이가 있다.

메모 일본의 경우 일문명에 사할린을 뜻하는 '가라후토'가 붙지만, 북방 지역에 특별히 많은 것은 아니다. 관서나 규슈 지역에서도 흔히 볼 수 있다.

[발견 확률 ★★★]

민긴금털이끼

선주름이끼과 ***Macromitrium japonicum*** 마크로미트리움 야포니쿰

습할 때도 잎끝이 안쪽으로 접혀 있다.

삭모는 크고, 긴 털이 풍성하게 나 있다.
(촬영: 사에키 유지)

잎은 습하면 녹색~황록색이지만, 건조하면 갈색이 된다. (10월 홋카이도)

생육 장소 저지대~낮은 산지의 해가 잘 들고 건조한 나무줄기나 바위 위

분포 동아시아

형태·크기 줄기는 길게 기어가며, 1cm 정도의 직립하는 가지를 많이 만든다. 잎은 가지에 밀집해 있다. 지엽은 길이 1.5~2.5mm이며, 가늘고 긴 혀 모양인데 습도에 상관없이 끝이 짧게 안쪽으로 접혀 들어가 있다. 또, 건조하면 강하게 말린다. 삭병은 길이 3~5mm이며, 삭모에는 갈색의 풍성한 긴 털이 위를 향해 나 있다. 삭은 타원형~구형이다. 암수딴그루이다.

삭모에 긴 털이 풍성하게 나 있고, 몸에 짚으로 만든 일본 전통 우의인 미노를 걸친 것 같아 보인다고 해서 일문명으로 '미노고케'라고 한다. 줄기는 바위나 나무줄기를 기어서 넓게 퍼진다. 1cm 정도의 가지를 잔뜩 세우며, 가지에는 잎이 밀집해 있다. 건조하면 잎은 눈에 띄게 동그랗게 말리고, 가지는 줄기에 동그랗게 매달린 것 같은 상태가 된다. 또, 습해도 잎끝만은 안쪽으로 접힌다는 점이 큰 특징이다.

건조하면 짧은 가지에 빼곡히 붙은 잎이 동그랗게 말려 알처럼 된다.

메모 긴금털이끼속은 비슷한 종이 많아서 구별이 어렵지만, 습할 때도 잎끝이 접혀 들어간 것은 이 종만의 특징이다.

나무이끼

[발견 확률 ★★★]

나무이끼과 ***Climacium japonicum*** 클리마키움 야포니쿰

지엽은 녹색~황갈색이다. 암수딴그루로 포자체는 드물다. 건조 시 잎이 가지에 밀착해 말라 보인다. (8월 나라현)

생육 장소 산지의 반음지 부식토에서 많이 자란다.

분포 한반도, 중국, 일본, 시베리아

형태·크기 직립 줄기는 길이 5~10cm에 달하며, 더 크게 자라기도 한다. 줄기 상부는 아래를 향하며, 나무 모양의 가지가 집중되어 있다. 가지는 끝으로 갈수록 가늘어진다. 가지잎은 길이 2.5mm 이하이며, 가늘고 긴 삼각형으로 잎끝 가장자리에 톱니가 있다. 삭병은 길이 2~3cm에 적갈색이며, 한 개의 식물체에 2개 이상 나온다. 삭은 타원형이다.

나무의 어린싹이라고 착각할 만큼 대형으로, 우아한 이끼다. 큰꽃송이이끼(84쪽)와 마찬가지로 땅속을 기는 땅속줄기와 땅 위에서 위로 뻗는 직립 줄기를 갖추고 있고, 같은 군락을 이루는 개체들은 땅속줄기로 이어져 있다. 매우 비슷한 이끼로는 깃털나무이끼(선류 깃털나무이끼과)가 있다. 이 종보다 해발고도가 높은 산지에 많아서, 아고산대에서는 깃털나무이끼가 주류다. 가지가 가늘고 섬세한 분위기를 풍긴다.

깃털나무이끼 (촬영: 호리우치 유스케)

메모 16세기에는 일본 고야산(와카야마현)에서 영험한 풀로 일찍이 알려졌다.

[발견 확률 ★★★]

곧은나무이끼

나무이끼과 *Climacium dendroides* 클리마키움 덴으로이데스

나무이끼와 비교하면 땅딸막해 보인다. (11월 아오모리현 오이라세계류)

생육 장소 산지의 반음지에 습한 부식토. 특히 숲속 물가 근처 부식토 등
분포 북반구, 뉴질랜드
형태·크기 직립 줄기는 길이 수cm~10cm 정도다. 나무이끼에 비해 일반적으로 키가 작고, 줄기의 상부는 구부러지지 않고 곧게 위를 향한다. 가지잎은 나무이끼보다 폭이 넓은 삼각형으로 넓고 뾰족하다.

나무이끼(99쪽)와 마찬가지로 이름에 '구사(풀)'가 붙을 정도로 대형 이끼다. 역시 곧은나무이끼도 땅속에 묻혀 있는 땅속줄기와 위로 곧게 뻗어서 지상으로 얼굴을 내미는 직립 줄기를 가지고 있다. 포자체는 마찬가지로 보기 드물다.

다만, 나무이끼에 비해 키가 작고 직립 줄기의 끝이 아래로 늘어지지 않고 위를 향한다. 가지 끝도 가늘어지지 않고, 기부에서 끝까지 거의 일정한 두께를 유지한다.

물 주변을 좋아하며, 물가의 부식토나 부식토가 쌓인 바위 위 등에 곧잘 군락을 이루고, 때로는 습지에서 자라기도 한다. 이처럼 선호하는 생육 환경도 나무이끼와 큰 차이를 보인다. 암수딴그루이다.

메모 나무이끼도 곧은나무이끼도 테라리움 재료로 인기가 있지만, 원예업자의 남획으로 최근에는 감소하는 추세다.

톳이끼

[발견 확률 ★★★]

톳이끼과 *Hedwigia ciliata* 헤드위기아 킬리아타

삭의 색은 주황색~적갈색이다.

습할 때 잎이 벌어진다.

건조할 때, 잎은 줄기에 달라붙으며 어쩐지 건조된 톳을 연상시킨다. (3월 가나가와현)

생육 장소 볕이 잘 들고 건조한 바위나 돌담 위. 일본식 정원의 석조나 사찰의 석등 위에서도 자란다.

분포 세계 각지

형태·크기 줄기는 길이 4~5cm이며, 상부는 휘어 올라가고 가지가 불규칙적으로 갈라진다. 잎은 길이 1.5~2mm의 난형이다. 중륵맥은 없다. 포자체는 줄기 중간에서 나오고, 삭은 자포엽에 묻혀 있다. 자포엽의 상부 가장자리에 투명하고 긴 털이 있다. 삭은 난형~구형이다. 구환과 삭치는 없다.

해가 잘 드는 건조한 바위 위나 돌담에 백록색~황록색의 군락을 이룬다. 일본 각지에서 흔히 볼 수 있다. 포복성이지만 줄기 끝이 크게 휘어 올라가며, 불규칙적으로 가지가 뻗어 간다. 포자체를 살펴보면, 삭병이 매우 짧아서 삭이 자포엽 사이에 묻힌 것처럼 보이는 특징이 있다. 그리고 루페로 자세히 보면, 자포엽 상부에서 투명하고 긴 털이 자라는 것을 알 수 있다.

생육 환경이나 삭이 묻혀 있는 점이 흰털고깔바위이끼(68쪽)를 포함한 고깔바위이끼과 친구들과 공통되며, 섞여 자라는 일도 자주 있다. 그러나 색이 확연히 다르며, 이 종은 잎에 중륵맥이 없고 삭에 구환과 삭치가 없어서 구별이 어렵지 않다. 암수한그루이다.

메모 분무기로 물을 주면 순식간에 잎이 크게 벌어진다. 그 속도는 늦은서리이끼와 1, 2위를 다툰다.

나무꼴이끼

[발견 확률 ★★★]

나무꼴이끼과 *Pterobryon arbuscula* 프테로브리온 마르부스큘라

식물체는 황록색~갈색을 띤 황록색이다. 암수딴그루이다. (4월 가고시마현 야쿠시마)

생육 장소 산지의 그늘진 나무줄기나 암벽

분포 한반도, 중국, 일본

형태·크기 대형 이끼로, 기물을 기는 가느다란 1차 줄기와 1차 줄기에서 올라온 2차 줄기가 있다. 1차 줄기에는 작은 잎이 비늘 모양으로 붙어 있다. 2차 줄기는 가지가 갈라져 나와 약간 편평한 나무 모양을 이룬다. 가지잎은 길이 2mm 정도로 가늘고 길며 끝이 뾰족하다. 중륵맥은 길지만 잎끝까지 닿진 않는다. 삭병은 대단히 짧다. 삭은 난형이며 자포엽 사이에 숨어 있다.

산지의 그늘진 나무줄기나 암벽에 붙어 자라는 대형 이끼다. 철사처럼 가늘고 단단한 1차 줄기가 기물을 기고, 거기서 2차 줄기가 올라와 나무 모양으로 가지와 잎을 뻗는다. 나무줄기가 보이지 않을 정도로 큰 군락을 이루기도 한다. 건조해도 잎이 별로 오그라들지 않지만, 2차 줄기는 끝이 둥글게 말리는 것이 특징이다.

마르면 말려 올라가는 것이 특징이다.

줄기의 이면(복측)을 보면 포자체가 많이 붙어 있다. 그러나 삭병이 매우 짧아서 삭은 자포엽에 완전히 묻혀 있어서 의외로 발견하기 어렵다.

메모 극심한 추위에는 약하다. 일본에서는 관동 이남~규슈의 너도밤나무 숲이나 침엽수림 지대 쪽에서 자주 발견된다.

오름끈이끼

[발견 확률 ★★★]

누운끈이끼과 ***Barbella flagellifera*** 바르벨라 플라젤리페라

계곡 근처 숲속에서. 암수딴그루이며 삭이 드물게 생긴다. (6월 도쿄도)

생육 장소 계곡 주변에 공중 습도가 높은 반음지의 나뭇가지나 나무줄기
분포 중국, 일본, 열대아시아
형태·크기 1차 줄기는 기물에 붙어 기고, 2차 줄기는 아래로 늘어져 불규칙적으로 가지를 뻗는다. 가지는 길이 10~15cm이며, 때때로 수십 cm까지 자란다. 잎은 줄기에도 가지에도 빼곡히 나 있고 상부가 바늘처럼 가늘고 비단 같은 광택이 돈다. 중륵맥은 잎의 중간까지만 간다. 삭병은 길이 2.5~3mm이며, 삭은 원통형으로 자포엽보다 훨씬 위에 나와 있다.

누은끈이끼과 이끼는 1차 줄기는 기물에 붙어 기고, 2차 줄기는 끈 형태로 길게 늘어지는 것이 특징이다. 종의 대부분이 공중 습도가 높은 계곡 주변의 나무나 바위에 산다.

그중에서도 이 종은 식물체가 특히 가늘어 실 같다. 잎은 광택이 도는 황록색이며, 가지는 길게 자라면 수십 cm에 달하기도 한다. 생육 환경이 좋으면 모여 살고, 많은 나뭇가지에서 아래로 늘어진 모습은 마치 초록색 커튼 같아 보인다.

근연종은 이토고케(*Barbella pendula*)다. 오름끈이끼보다 식물체가 더 가늘지만, 맨눈으로는 구별하기 어렵다.

메모 대체로 사람의 손이 닿지 않을 높은 가지에 붙어 살지만, 가끔 영산홍처럼 낮은 나무가 우거진 곳에 모여 산다.

[발견 확률 ★★★]

리본납작이끼

납작이끼과 ***Planicladium nitidulum***(*Neckeropsis nitidula*) 플라니클라디움 니티둘룸(넥케로프시스 니티둘라)

줄기 배측 자포엽에 숨겨진 삭이 나란히 붙어 있다.

잎은 녹색~황록색이다. 식물체의 등면은 햇살을 받아 매우 윤기가 돈다. (4월 미에현)

생육 장소 낮은 산의 밝은 나무줄기나 바위
분포 한반도, 중국, 일본, 필리핀
형태·크기 줄기에는 기물을 기는 1차 줄기와 아래로 늘어지는 2차 줄기가 있으며, 2차 줄기는 길이 1~5cm 정도다. 잎은 줄기에 아주 납작하게 붙어 있고, 길이 2~2.5mm 정도의 주걱 모양이며, 건조해도 오그라들지 않는다. 삭병은 짧고, 삭은 타원형으로 자포엽에 숨어 있다. 암수딴그루이다.

납작이끼과는 나무줄기나 바위에 붙어 살며, 대부분 생육 기물로부터 늘어져 자란다. 이름처럼 잎이 줄기에 편평하게 붙어 있다. 습할 때도 건조한가 싶을 정도로 질감이 거칠어서 푹신하고 몽글한 이끼의 감촉을 좋아하는 사람에게는 매력이 덜할 수도 있다.

이 종은 낮은 산의 계곡 주변 등 습하면서 탁 트인 밝은 장소의 나무줄기나 바위 위에 자란다. 언뜻 엽상체 타입의 태류로 보일 정도로 가늘고 길면서 납작한 모양새지만, 루페로 보면 잎이 줄기에 빼곡하게 겹쳐서 붙어 있어 왜 태류처럼 보이는지 이해가 된다. 잎은 물고기 비늘처럼 투명하고 광택이 있다.

메모 두 갈래로 퍼지며 리본 모양으로 자라는 리본이끼(170쪽)와 달리, 리본납작이끼의 외형은 리본의 이미지와는 거리가 멀다.

세이난히라고케

[발견 확률 ★★★]

납작이끼과 *Neckeromnion calcicola*(*Neckeropsis calcicola*) 넥케롬니온 칼키콜라(넥케롭시스 칼키콜라)

석회암지대의 암벽에서 자란다. 습도에 상관없이 가벼운 감촉이다. 이 군락에서의 길이는 10~15cm 정도다. (8월 오카야마현)

생육 장소 석회암 위. 드물게 나무 위에서도 자란다.
분포 중국, 일본
형태·크기 줄기는 기물에 붙어 기는 1차 줄기와 아래로 늘어지는 2차 줄기가 있고, 2차 줄기는 30cm가 넘기도 한다. 잎은 줄기에 납작하게 붙어 있고, 길이 2.5~3mm이며 혀 모양인데 끝이 네모나고 반달 모양의 선명한 가로 주름 몇 개가 있다. 암수딴그루로 삭은 굉장히 드물다. 삭병은 1.8~2mm이며, 삭은 타원형이고 자포엽에서 약간 나와 있다.

석회암 지대에만 사는 대형 이끼로, 성장이 좋으면 2차 줄기가 30cm 이상 자라 기물 아래로 늘어지기도 한다. 잎은 윤기가 있는 녹색~황록색이며, 줄기에 아주 납작하게 붙어 있어 건조 시에도 오그라들지 않는다.

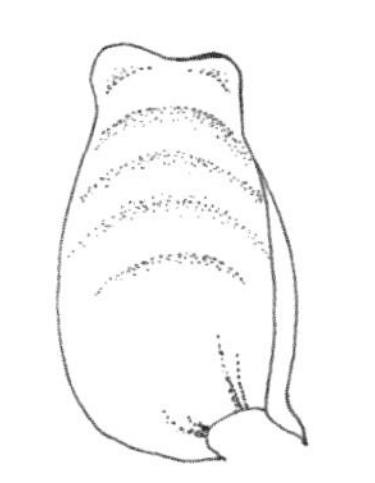

잎은 끝이 네모나고 반달 모양이 선명한 가로줄이 있다.

그림처럼 잎의 모양이 특징적이라 루페가 있다면 현장에서도 판별하기 쉽다.

일문명 '세이난히라고케'는 일본 서남(세이난) 지역에 많이 자란다는 점과 납작한 모양새에서 유래했다.

메모 근연종은 도사히라고케(*Neckeropsis obtusata*)다. 석회암 지대에서는 자라지 않고, 2차 줄기는 짧으며, 잎의 가로줄은 연하다. 따듯한 지역의 나무 위나 바위 위에서 수평하게 자란다.

[발견 확률 ★★★]

나무꼴납작이끼

납작이끼과 ***Homaliodendron flabellatum*** 호말리오덴드론 플라벨라툼

전체적으로 잎이 빽빽해서 날개처럼도 보인다.

식물체의 끝이 약간 비스듬히 올라가며 자란다. 암수딴그루이다. (3월 미에현)

생육 장소 계곡 근처 등 습도가 높고 약간 어두운 또는 반음지의 바위나 나무줄기. 석회암지에서도 자란다.

분포 한반도, 중국, 일본, 열대아시아

형태·크기 2차 줄기는 길이 4~10cm 정도이며, 잘 분기해 나무 모양처럼 된다. 잎은 줄기와 가지에 평평하고 밀도 있게 붙으며, 지엽은 길이 3~3.5mm이고 긴 타원형으로 건조해도 오그라들지 않는다. 또, 잎끝에는 약간 뾰족하고 큰 톱니가 몇 개 달려 있다. 삭은 드물며, 삭병은 길이 2~3mm에 삭은 난형이다.

대형이지만 식물체가 얇다 보니 존재감도 흐릿해서 초심자들이 놓치는 경우가 많다. 혹은 습해도 시든 것이 아닌지 걱정될 정도로 매우 건조한 질감이 한몫하는 것일지도 모른다. 잎은 옅은 녹색~회녹색으로 광택은 있지만 약간 색이 바래 보인다. 가늘게 갈라진 줄기에는 얇은 잎이 평평하고 밀도 있게 붙어 있어 마치 짓눌린 나무 같다. 이러한 특이한 모양 때문에 맨눈으로도 다른 종과 구별하기 쉽다.

바위 벽면이나 나무줄기에 큰 군락을 이루며, 석회암 위에서도 자란다.

메모 학명의 'Homaliodendron'에도 '평평한 나무 모양'이라는 의미가 있다.

대호꼬리이끼

[발견 확률 ★★★]

납작이끼과 *Thamnobryum subseriatum* 탐노브리움 수브세리아툼

잎은 빽빽하고 약간 광택이 도는 녹색을 띤다. 습한 장소를 좋아하지만, 늘 퍼석한 느낌이 든다. 암수딴그루이다. (2월 효고현)

생육 장소 저지대~산지 숲속의 약간 어둡고 습한 돌담이나 바위 등

분포 한반도, 중국, 일본, 극동아시아

형태·크기 1차 줄기는 기물에 붙어 긴다. 2차 줄기는 일어나 길이 5~10cm 정도로 자라며, 하부에 잎이 빼곡하게 달리고 상부에서 가지가 불규칙적으로 많이 나와 나무 형태를 이룬다. 가지잎은 길이 2~3mm의 난형이며, 중간 부분의 폭이 가장 넓고 숟가락처럼 오목 패여 있다. 포자체는 가지 상부에서 여러 개가 나온다. 삭병은 적갈색으로 길이 1.5~2.5cm다. 삭은 난형이며, 삭개에는 큰 부리가 있다.

저지대~산지대의 약간 어둡고 습한 장소에 있는 바위나 돌담에 큰 군락을 이루는 대형 이끼다. 이름 때문에 호랑이의 꼬리를 떠올리기 십상인데, 솔직히 하나도 닮지 않았다. 직립한 2차 줄기의 하부에서부터 작은 잎이 빽빽하게 달리는 것이 특징으로, 상부에 불규칙적인 가지가 많이 나와서 나무처럼 보인다. 또, 줄기 끝이 안쪽으로 말려서 곰 손 같은 모양이 된다.

한편 이전에는 납작이끼과에서 독립한 대호꼬리이끼과로 분류한 적도 있지만, 최신 분자계통해석을 통해 현재는 다시 납작이끼과로 돌아왔다.

메모 호랑꼬리이끼과도 별도로 있다. 이 과의 호랑꼬리이끼는 가지가 원기둥 모양이며 호랑이 꼬리와 약간 닮았다.

[발견 확률 ★★★]

쓰가고케

달토니아과 *Distichophyllum maibarae* 디스치코필름 마이바레

선류 달토니아과

이른 봄에 일제히 포자체를 틔운 군락. 따스한 지방에 많이 분포한다. 암수한그루이다. (3월 미에현)

생육 장소 저지대~산지의 그늘지고 습한 바위

분포 중국, 동남아시아

형태·크기 줄기는 기는 형태이며 길이 2cm 전후로 끝이 약간 올라가 듬성듬성하게 가지가 나온다. 잎은 빽빽하게 붙어 있고, 길이 1.5~2mm이며 거꾸로 된 달걀 형태로 잎끝에 짧은 돌기가 있다. 중륵맥은 잎끝 가까이 뻗는다. 삭병은 길이 5~8mm이며, 줄기 중간에서 자란다.

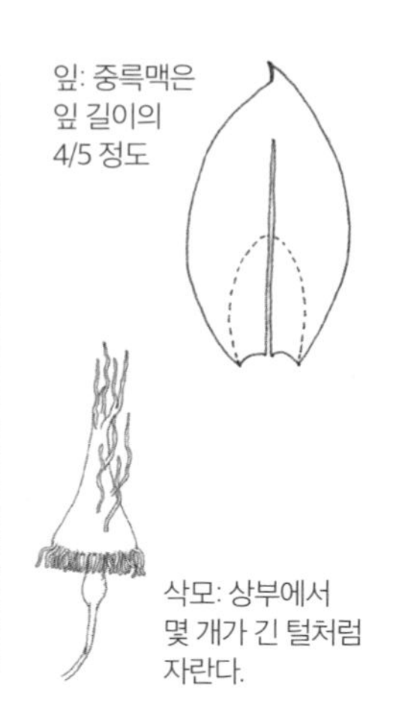

계곡 근처 암벽이나 흙 등, 그늘지고 늘 물기 어린 습한 바위 위를 좋아한다. 잎은 녹색~진한 녹색으로 부드러우며, 줄기에 평평하게 붙어 있어 언뜻 봤을 때 태류 같아 보이기도 한다. 하지만 루페로 보면 중륵맥이 잎끝 가까이 명료하게 뻗어 있어 선류가 확실하다. 각각의 식물체는 작지만, 어른 손 크기 또는 그 이상으로 큰 매트 형태의 군락을 곧잘 만들어서 몇 번 보면 맨눈으로도 금방 알아볼 수 있게 된다.

메모 삭모는 끝이 부리처럼 뾰족하고, 거기서 여러 개의 긴 털이 자라난 모습이 귀엽다. 발견한다면 럭키.

기름종이이끼

[발견 확률 ★★★]

기름종이이끼과 *Hookeria acutifolia* 훅케리아 아큐티폴리아

잎은 투명하고, 겹겹이 줄기에 붙어 있다. 암수한그루이다. (8월 가고시마현 야쿠시마)

생육 장소 숲속의 그늘진 흙이나 바위 위

분포 동아시아, 북미, 남미, 하와이

형태·크기 줄기는 땅을 기며 길이 5~6cm 정도이다. 잎은 약 5줄 겹쳐 있고, 길이 3~4mm의 계란형이며, 전연에 끝이 뾰족하다. 건조하면 약간 오그라든다. 중륵맥은 없다. 삭병의 길이는 10~15mm이며, 삭은 긴 난형이다. 때때로 잎끝에 무성아의 덩어리가 달리기도 한다.

잎 표면이 마치 기름으로 코팅한 것처럼 보여 맨눈으로 쉽게 구별할 수 있다. 숲속에서 흔히 볼 수 있으며, 약간 그늘진 땅이나 바위 위에서 자란다.

가을에 포자체를 뻗어 낸 군락

그러나 쓰가고케처럼 매트 형태로 넓게 모여 자라는 모습은 거의 볼 수 없다. 다른 이끼와 섞여 자라거나 소수의 작은 군락을 이루는 경우가 많아서, 여기저기서 자라지만 의외로 놓치기 쉽다.

메모 이끼 중에서도 잎 세포가 특히 크다. 루페로도 육각형의 세포 형태를 볼 수 있다.

공작이끼

[발견 확률 ★★★]

공작이끼과 ***Hypopterygium fauriei*** 히포프테리기움 파우리에이

가을에 한 개체에서 여러 개의 포자체가 뻗는다. (촬영: 쓰지 구시)

잎은 녹색~밝은 황록색이다. 습도가 높고 약간 어두운 장소에 많다. (6월 교토부)

생육 장소 산지의 계곡 근처 등 습도가 높고 약간 어두운 장소의 부식토나 바위 위

분포 한반도, 중국, 일본, 북미 서부 지역

형태·크기 1차 줄기는 기물에 붙어 기며, 위로 뻗는 2차 줄기는 1.5~2.5cm 정도로 자라고 줄기 끝에서 많은 가지가 부채 모양으로 펼쳐진다. 잎은 길이 1.5mm 정도로 난형이며 끝이 뾰족하다. 또한, 복측에는 중륵맥이 돌출한 원형의 작은 복엽이 가지에 한 줄로 붙어 있다. 삭병은 2~3cm이며 붉은 갈색이다. 삭은 긴 난형이다.

이끼류 중에서도 손꼽히게 아름다운 이끼다. 1차 줄기는 기물을 붙어 기고, 위로 뻗은 2차 줄기 끝에는 부채 모양으로 펼쳐진 가지가 있어, 이름처럼 공작새가 깃을 펼친 듯한 모습이다. 또한 태류 같은 특징이 있는 특이한 이끼기도 해서, 가지의 이면(복측)을 보면 가지 양옆에 붙는 보통의 잎(측엽)과 더불어 가지 위에도 작은 잎(복엽)이 나 있다. 암수한그루이다.

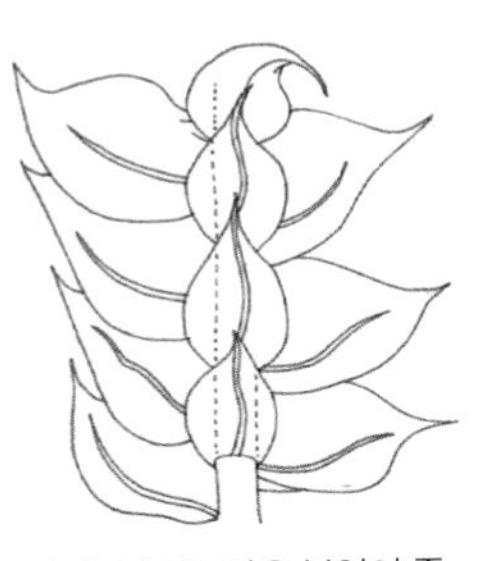

가지의 복측: 작은 복엽이 줄지어 있다.

메모 근연종은 히메쿠자쿠고케(*Hypopterygium japonicum*)이다. 바위 위를 좋아하며 포자체가 달려 있으면 삭병의 색이 지푸라기 색이라서 구별이 된다. 공작이끼와 히메쿠자쿠고케를 같은 종으로 보기도 하지만, 이 책에서는 기존의 견해를 따라 다른 종으로 본다.

고고메고케

[발견 확률 ★★★]

가시꼬마이끼과 ***Fabronia matsumurae*** 파브로니아 마츠무라에

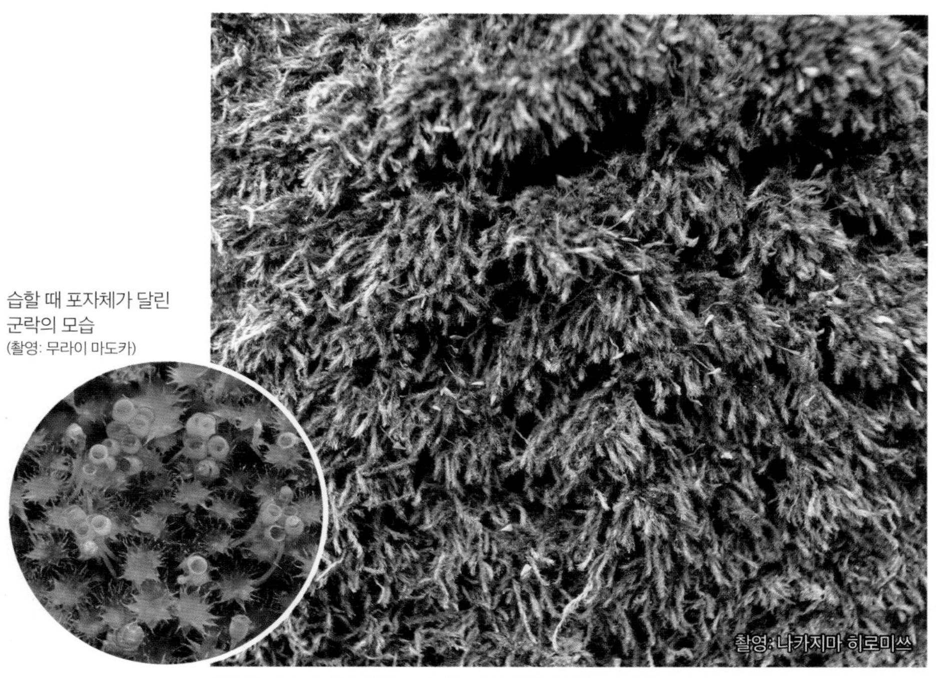

습할 때 포자체가 달린 군락의 모습 (촬영: 무라이 마도카)

군락을 가까이서 보면 건조 시에는 하얀 실밥이 붙은 것처럼 보인다. (3월 지바현)

생육 장소 저지대~낮은 산지의 나무줄기. 정원수나 가로수

분포 중국, 일본, 극동아시아

형태·크기 포복성 줄기에 5mm 길이의 위로 휜 가지가 빼곡하게 나온다. 잎은 난형으로, 잎 가장자리의 상반부에 또렷한 톱니가 있으며, 잎 끝은 긴 투명첨이 있다. 또한 건조하면 잎이 줄기에 밀착한다. 삭병의 길이는 2~3mm로 대체로 아래를 향하며, 삭은 난형이다. 삭치가 없다.

도심에서 자주 볼 수 있는 나무줄기성 도심 이끼 중 하나다. 암수한그루이다.

식물체는 광택이 나는 짙은 녹색이며, 매트 형태로 나무줄기를 뒤덮지만, 다른 도심 속 이끼보다 크기가 작다. 특별히 눈에 띄는 특징이 없어서인지 눈에 확 들어오지 않는다. 다만 컵 모양의 귀여운 포자체가 군락 가득 자라면 나무줄기가 순식간에 화려해진다.

포자체가 없는 군락은 수수해 보인다.

메모 삭에 삭치가 없어서 포자체가 달려 있으면 다른 도심 속 이끼와 구별이 쉽다.

[발견 확률 ★★★]

가는겉양털이끼

고깔검정이끼과 ***Okamuraea brachydictyon*** 오카무라에아 프라키딕티온

가지 끝에 무성아가 달렸다. 짙은 녹색은 무성아가 없는 식물체이다. (6월 오사카부)

생육 장소 도시나 교외의 볕이 잘 드는 나무줄기, 돌담, 바위, 콘크리트 벽

분포 한반도, 중국, 일본, 극동아시아

형태·크기 줄기는 포복성이며, 빽빽하게 가지가 나온다. 가지는 사선 위로 자라며, 길이 5~10mm로 가지 끝에 작은 가지 모양의 무성아가 풍성하게 달린다. 잎은 길이 1~1.5mm 정도로 끝이 짧고 뾰족하다. 삭은 기울어졌거나 거의 직립한다. 암수딴그루이다.

도시와 교외의 볕이 잘 드는 나무줄기, 돌담, 콘크리트 벽 등에 모여 산다. 수직면에 많고, 넓고 납작한 군락을 이루는 모습이 자주 보인다. 줄기는 포복성이며, 가지는 빽빽이 붙어 사선으로 올라간다.

가지 끝에 작은 가지 모양의 무성아가 풍성하게 붙어 있어서, 군락 전체가 폭신폭신하고 입체감이 있다. 반대로 무성아가 없을 때의 군락은 양털이끼속과 느낌이 비슷해 지나치기 쉽다.

무성아를 틔운 콘크리트 벽의 군락

메모 속 학명은 일본 선태류 연구의 선구자 격 학자인 오카무라 슈타이 박사(1877~1947)의 이름에서 따왔다.

꼬마바위실이끼

[발견 확률 ★★★]

깃털이끼과 ***Haplohymenium pseudotriste*** 하플로히메니움 프세우도트리스테

식물체는 불투명한 녹색~황록색이다. 잎은 건조하면 줄기에 붙어서 실같이 보인다. 암수딴그루이다. (4월 오사카부)

생육 장소 저지대의 반음지~볕이 잘 드는 나무줄기

분포 열대아시아, 남아프리카, 오세아니아

형태·크기 줄기는 포복성이며, 불규칙하게 가지가 갈라져 실이 얽힌 것처럼 보인다. 잎은 광택이 없고 건조하면 가지에 달라붙는다. 가지잎은 길이 0.5mm이며, 기부에서 잎 길이의 절반은 난형이지만 중간부터 혀 모양이고, 잎끝은 둥글고 때때로 넓고 뾰족하다. 삭병은 길이 약 5~7mm이며, 삭은 넓은 난형이다.

깃털이끼과(시노부고케과)는 양치식물인 넉줄고사리(시노부)와 비슷하고 실처럼 길게 뻗는다는 특징이 있으며, 색은 불투명한 녹색이다. 각 종의 차이가 미세해 구분이 어려운 과이다.

이 종은 주로 저지대 교외나 녹지가 풍부한 공원 등의 나무줄기에 모여 산다. 줄기는 불규칙하게 갈라지며 5cm 정도의 실 모양을 이룬다. 건조할 때는 잎이 줄기에 달라붙어 실처럼 보이지만, 습하면 잎이 펼쳐져 다발 모양이 되어 변화가 크다.

근연종으로는 이 종보다 약간 큰 바위실이끼가 있다. 주로 산지에서 자라며, 루페로 보면 잎끝이 잘 접혀 있는 것이 특징이다. 꼬마바위실이끼는 잎끝이 잘 접히지 않는다. 하지만 두 종은 매우 비슷해 정확히 구별은 어렵다.

메모 최신 학설에 따르면 이 종은 명주실이끼과(*Anomodontaceae*)로 분류된다.

[발견 확률 ★★★]

나선이끼

깃털이끼과 ***Herpetineuron toccoae*** 헤루페티네우론 토코아에

식물체는 녹색~불투명한 황록색이다. 암수딴그루로 삭은 거의 나지 않는다. (11월 도쿄도)

생육 장소 저지대~저산지대의 반음지~해가 잘 드는 바위나 나무줄기. 인가나 공원의 돌담 등에서도 자란다.

분포 세계 각지

형태·크기 줄기는 1차 줄기가 기물을 붙어 기고, 2차 줄기는 직립하여 거의 가지를 치지 않고 기물 아래로 늘어진다. 2차 줄기는 길이가 약 1~5cm로 개체별 차이가 크다. 식물체의 끝이 채찍 모양으로 뻗는 경우가 많다.

저지대~낮은 산지의 바위 위나 돌담, 나무 위에 군락을 이룬다. 식물체는 건조하면 잎이 줄기에 밀착되어 다발 모양으로 모이고, 끝부분이 고양이 꼬리처럼 둥글게 말린다. 하지만 습하면 잎이 크게 벌어져 끝부분의 말림이 약해져서 이 특징을 확인하기 어렵다.

아기초롱이끼(87쪽)와 약간 비슷한 분위기를 풍기지만, 식물체 끝에 길게 뻗은 채찍 모양으로 구별이 된다.

습해서 잎이 벌어진 군락

메모 습기를 머금은 잎을 루페로 관찰하면 중륵맥이 잎끝에서 구불구불하게 움직인다.

작은명주실이끼

[발견 확률 ★★★]

깃털이끼과 ***Haplocladium microphyllum*** 하플로클라디움 미크로필룸

식물체는 줄기에서 가지가 빽빽하게 나오며, 기물에 달라붙듯이 기어간다. 암수한그루이다. (4월 미야기현)

생육 장소 저지대~저산지대의 반음지~볕이 잘 드는 흙 위, 바위, 나무줄기, 썩은 나무 등에서 자란다.
분포 세계 각지
형태·크기 줄기는 포복성이며, 불규칙하게 빽빽한 가지를 친다. 경엽은 길이 1.5~2mm이며, 잎끝에서 중륵맥이 돌출해 길고 뾰족하다. 삭병은 길이 20~25mm 정도로 길며 적갈색을 띤다. 삭이 성숙하면 적갈색으로 변한다. 삭치는 두 줄이며, 삭모는 부리 모양으로 뾰족하다.

공원이나 정원의 흙, 화분 속, 바위, 나무줄기, 썩은 나무 등 어디에서나 자라며, 도심에서도 볼 수 있다. 그러나 식물체가 매우 작고 다른 큰 이끼와 섞여 자라는 경우가 많아 평소에는 거의 알아보기 힘들다. 이른 봄부터 삭병이 길게 자라기 시작하며, 봄에 삭이 성숙해 적갈색이 되어야 비로소 알아볼 수 있다. 안팎으로 난 아름다운 두 줄의 삭치는 꼭 한번 볼 것을 추천한다.

이른 봄, 적갈색의 삭병이 일제히 자란다.

메모 근연종으로는 침작은명주실이끼가 있다. 현미경으로 잎 세포의 차이를 관찰해야 정확히 구별할 수 있는데, 작은명주실이끼보다 약간 크다.

깃털이끼

[발견 확률 ★★★]

깃털이끼과 *Thuidium kanedae* 투이디움 카네다에

식물체는 일조량에 따라 녹색~황색에 가까운 황록색으로 변한다. 암수딴그루이다. (12월 교토부)

생육 장소 저지대~산지의 반음지 바위 위나 땅 위
분포 한반도, 중국, 일본, 극동아시아
형태·크기 대형 이끼이다. 줄기는 길게 포복하며, 길이가 15cm 정도에 이르기도 한다. 좌우로 가지가 나며, 그 가지에서 다시 좌우로 가지가 뻗고 잎이 나는 규칙적인 분기(3회 날개 모양)를 한다. 경엽은 길이 1.3~1.6mm이며, 삼각형이고 그 끝은 긴 투명첨이 있다. 가지잎은 줄기잎에 비해 훨씬 작고 투명한 돌기가 없다. 삭병은 길이가 3cm 정도로 길며, 삭은 타원형으로 약간 휘었다.

양치식물을 축소한 것처럼 섬세하고 아름다운 모습과 전국 어디서나 볼 수 있다는 점에서 초심자가 가장 외우기 쉬운 이끼 중 하나다. 식물체는 편평하게 포복하며, 줄기와 가늘게 갈라진 가지에 불투명한 녹색~황녹색의 잎이 달린다. 그리고 습할 때는 확실히 예쁘지만, 건조할 때는 색이 바래고 오그라들어 아름다움이 반감된다.

근연종으로는 물가깃털이끼가 있다. 겉모습은 똑같지만, 같은 숲속이어도 더 물기가 있는 곳을 선호하여 계류 근처 바위 위 등에서 자란다. 그늘이 있으면 비교적 건조한 곳에서도 잘 자라는 이 종과 적절하게 공존하고 있다.

메모 또 다른 근연종으로 참깃털이끼가 있다. 특히 석회암 지대에서 자주 발견되며, 크고 아름답다. 줄기가 20cm 정도로 길다. 가지가 줄기에 평평하게 붙는 깃털이끼와 달리 가지가 줄기에서 방사형으로 자라는 것이 특징이다.

물가고사리이끼

[발견 확률 ★★★]

버들이끼과 *Cratoneuron filicinum* 크라토네우론 필리키눔

줄기는 위로 뻗고 가지는 듬성듬성하다. 암수딴그루로 포자체가 나오는 일이 드물다. (5월 교토부)

생육 장소 산지대의 음지~약간 밝은 장소의 습한 땅이나 젖은 바위 위. 이끼가 낀 수반 등에서도 자란다.

분포 세계 각지

형태·크기 대형 이끼이다. 줄기는 포복하고 중간부터 위로 비스듬히 자라며 길이가 수 cm~10cm에 달한다. 잎의 길이는 1.5~2mm이며, 삼각형에서 난형으로 잎끝이 길고 뾰족하다. 중륵맥은 두껍고 잎끝 가까이 뻗는다.

버들이끼과 이끼는 물가와 아주 가까운 장소에 많고, 계곡의 습한 바위 위, 습지, 때로는 호수나 늪의 물속에서 자라기도 한다. 환경에 따른 변이가 커서 분류가 어렵다.

이 종은 산지의 습한 지면이나 물 있는 곳의 바위 위에 위로 뾰족하게 자라 눈에 잘 띈다. 식물체는 녹색~밝은 황록색으로, 늘 물에 젖어 있어 반짝거린다. 줄기에는 길이가 일정하지 않은 가지가 아주 드문드문 나 있다.

낮은 산의 얕은 웅덩이에 무리 지어 산다.

메모 같은 버들이끼과의 우카미카마고케(*Drepanocladus fluitans*)는 일본 굿샤로 호수에 서식하는 천연기념물인 마리고케(여러 이끼의 끊어진 줄기가 파도에 뭉쳐져 공 모양이 된 것)를 형성하는 이끼 중 하나다.

양털이끼과 친구들

양털이끼과 ***Brachytheciaceae*** 브라키테시아시

날개양털이끼. 전국 저지대의 땅이나 바위 위에 많다.

기부리나고케(*Kindbergia arbuscula*). 계곡의 습한 바위 위에 서식한다.

양털이끼. 날개양털이끼와 비슷하지만 약간 작다.

나무가지이끼. 약간 광택이 있고, 나무줄기나 바위 위에서 자란다.

양털이끼과 이끼는 포복성으로 땅 위, 바위 위, 나무줄기 등 다양한 기물에서 자라며, 부드러운 촉감의 군락을 이루는 경우가 많다. 종의 수가 많고, 형태와 크기의 변이 폭도 커서 종을 구별하기 어렵다.

특히 주변에서 흔히 볼 수 있지만 루페만으로는 판별하기 어려운 것이 양털이끼나 '○○양털이끼'라는 이름이 붙은 양털이끼속이다. 이끼 전문가들조차 "야외에서의 판별은 불가능"이라고 입을 모아 말할 정도로 까다로운 종이 많다.

한편, 이 과의 이끼들 중에서도 대형이면서 특징적인 모습 덕분에 초심자도 쉽게 구별할 수 있는 이끼들이 있다. 예를 들어 쥐꼬리이끼, 기부리나고케, 나무가지이끼 등이 여기에 해당한다. 이 책에서는 이 과의 '쉽게 구별할 수 있는 이끼'와 '까다로운 이끼'의 대표 격으로 쥐꼬리이끼(119쪽)와 긴양털이끼(120쪽)를 소개한다.

쥐꼬리이끼

[발견 확률 ★★★]

양털이끼과 *Myuroclada maximoviczii* 미우로클라다 막시모빗치이

습할 때도 잎이 줄기에 붙은 채로, 건조할 때도 외견이 거의 바뀌지 않는다. 암수딴그루이다. (6월 미에현)

생육 장소 저지대~산지대의 음지~반음지에 약간 습한 바위 위나 돌담, 나무뿌리 주변

분포 아시아(동부~동남부), 북미 서부 지역

형태·크기 줄기는 기물을 따라 길게 포복하며, 불규칙하게 가지를 친다. 가지는 길이가 2~4cm 이상에 달하기도 한다. 가지잎은 길이 1.5~2mm 정도이며 밥공기처럼 오목한 원형이다. 삭병은 15~25mm 정도의 길이이며, 삭은 원통형이다.

저지대의 교외에 있는 돌담, 산지의 바위 위나 돌담 위, 나무뿌리 부근 등에서 큰 군락을 만드는 이끼이다. 광택 있는 녹색~황록색을 띤다. 줄기는 포복성이며, 불규칙하게 가는 가지를 여러 개 뻗어 낸다.

가지에는 밥공기처럼 움푹한 원형의 잎이 빽빽이 겹쳐 달리고, 전체적으로 가는 원뿔 모양이다. 이름처럼 군락이 마치 바글대는 쥐의 꼬리만 바깥쪽을 향하고 있는 것처럼 보인다.

형태가 이와 같은 이끼는 이 종 외에는 없어서 맨눈으로도 구별할 수 있으며, 한번 보면 바로 기억할 수 있다. 게다가 귀여운 이름도 한몫해서 정말 친근하게 느껴지는 이끼 중 하나다.

메모 이끼 애호가들은 이 종을 포함한 12간지의 이름을 가진 이끼를 활용해 만든 연하장을 매년 주고받곤 한다.

[발견 확률 ★★★]

긴양털이끼

양털이끼과 ***Brachythecium buchananii*** 브라키테시움 부차나니이

끝이 길고 뾰족한 잎이 가지에 빽빽이 자라 끈처럼 보인다. 같이 자란 것은 김삿갓우산이끼다. 암수딴그루이다. (3월 효고현)

생육 장소 저지대~산지대의 반음지~볕이 잘 드는 흙 위, 바위 위, 썩은 나무 위

분포 동아시아

형태·크기 줄기는 길이가 수 cm~5cm 이상이며, 불규칙하게 많은 가지가 난다. 가지는 비스듬하게 올라가며, 길이 약 1cm~수 cm 정도이다. 가지잎은 길이 1.5mm 전후로, 깊은 세로줄이 있으며 끝이 길고 뾰족하다.

저지대의 흙 위나 바위 위에서 자주 발견된다. 도심의 공원이나 정원에도 흔하다. 줄기는 기물을 따라 기며, 여러 가지를 위로 내어 부드러운 매트 형태의 군락을 이룬다.

비슷한 종이 많고 개체 변이의 폭도 커서 판별이 어렵기로 유명한 양털이끼속 중의 하나다. 근연종으로 날개양털이끼와 양털이끼(둘 다 118쪽) 등이 있는데, 비슷한 장소에서 자라서 구별이 어렵다. 각각의 차이를 살펴보자면, 긴양털이끼는 습해도 잎이 크게 벌어지지 않고 항상 접혀 있으며 중륵맥이 잎의 중간까지만 이어진다. 날개양털이끼는 습도에 상관없이 항상 잎이 벌어져 있는 편이고 중륵맥이 잎 중간까지 이어진다. 양털이끼는 날개양털이끼와 비슷하지만, 중륵맥이 길어 잎끝까지 이어진다.

메모 형태가 양을 닮지는 않았지만, 부드러울 것 같은 모양새가 양털을 연상시켜 양털이라는 이름이 붙었을 것이다.

넓은잎윤이끼

[발견 확률 ★★★]

윤이끼과 ***Entodon challengeri*** 엔토돈 찰렌게리

잎은 녹색~갈색 띤 녹색으로 건조하면 조금 더 반짝인다. 암수한그루. 도심의 공원에서 볼 수 있다. (11월 도쿄도)

생육 장소 저지대~산지대의 나무줄기, 바위 위, 돌담. 도심의 정원수나 공원에서도 흔히 자란다.

분포 동아시아, 유럽, 북미 동부 지역

형태·크기 줄기는 포복하며 길이는 1~2cm이다. 그리고 불규칙하게 가지가 뻗는다. 잎은 난형으로 약간 오목하며 끝이 뾰족하고 가장자리가 매끄럽다. 삭병은 길이 약 2cm로 갈색이며, 삭은 긴 난형이다.

강한 광택이 가장 큰 특징인 이끼다. 저지대~산지까지 널리 분포한다. 특히 나무줄기나 뿌리 주변에 많으며, 바위 위에서도 자란다. 또한 건조와 대기오염에도 강해 도심에서도 흔히 볼 수 있다. 줄기는 기물을 따라 기어가며, 옆으로 불규칙하게 가지를 뻗으면서 평평한 군락을 확장해 간다.

근연종으로 가지윤이끼가 있다. 이 종 역시 광택이 있지만, 줄기의 양쪽에서 규칙적으로 많은 가지를 내며 흙 위나 바위 위에서 자라는 점, 그리고 때때로 줄기가 붉게 변하는 등의 차이점이 있다.

가지윤이끼 넓은잎윤이끼

메모 가지윤이끼는 땅 위에 아름다운 매트 형태의 군락을 이루기 때문에 이끼 정원에 자주 이용된다.

[발견 확률 ★★★]

넓은잎산주목이끼

산주목이끼과 ***Plagiothecium euryphyllum*** 플라기오테시움 에우리필룸

살짝 광택이 도는 녹색~황록색. 그다지 가지를 뻗지 않는다. 암수딴그루이다. (2월 미에현)

생육 장소 저지대~산지대 숲속의 그늘진 비탈면의 부식토 위, 바위 위, 나무뿌리 주변

분포 한반도, 중국, 일본, 베트남

형태·크기 줄기는 기물을 기며, 가지를 별로 치지 않는다. 길이는 약 2~6cm 정도다. 잎은 줄기에 납작하게 달리며, 길이는 약 1~2mm로 타원형~난형이고 끝이 뾰족하다. 삭병은 길이가 3~4cm로 길다. 삭은 원통형으로 약간 휘었다.

식물체는 납작하고 살짝 광택이 돈다. 겉모습이 넓적하고 두껍게 엮은 무명 끈(사나다히모)을 연상시킨다. 하지만 줄기의 길이가 수 cm 정도로, 사실 끈이라 부를 만한 길이는 아니다. 숲의 그늘진 경사면의 부식토 위, 바위, 나무뿌리 주변에서 자라며, 함초롬히 겹쳐 커다란 군락을 만든다. 잎은 건조해도 오그라들지 않고 습할 때와 큰 차이가 없다.

근연종으로는 산주목이끼가 있다. 넓은잎산주목이끼와 비슷한 장소에 자라며, 겉보기엔 매우 비슷하지만, 산주목이끼는 약간 오목한 잎이 줄기에 달려서 완전히 납작해 보이진 않는다. 또한 잎은 건조하면 강하게 오그라든다.

메모 비슷한 종으로 '큰산주목이끼'가 있다. 하지만 아고산대에서 자라는 멸종위기종이라 보기 힘들다.

거울이끼

[발견 확률 ★★★]

무성아실이끼과 *Brotherella henonii* 브로테렐라 헤노니이

짙은 녹색~황록색을 띤다. 줄기잎도 가지잎도 잎끝이 가늘고 뾰족하다. 암수딴그루이다. (4월 도쿄도)

생육 장소 저지대~산지대의 반음지에 있는 나무뿌리 주변과 나무줄기, 부식토 위, 바위 위 등. 특히 삼나무 뿌리 주변

분포 한반도, 중국, 일본, 극동 러시아

형태·크기 줄기는 기물을 따라 기며, 길이는 약 2~3cm이다. 불규칙하게 자라난 가지가 평평하게 달린다. 잎도 줄기도 가지에 평면적으로 붙으며, 건조하거나 습한 상태와 상관없이 옆으로 펼쳐진다. 줄기잎은 길이 약 1.5mm로 난형이며 끝이 날카롭고 뾰족하다. 삭병은 1.5~2.5cm 정도의 길이이며, 삭은 원통형에 약간 휘었다.

산길 옆 삼나무 밑동에 무리 지어 산다.

산지나 바위 위에서 주로 볼 수 있으며, 특히 나무줄기의 아래쪽부터 뿌리 부분까지 윤기 나는 매트 형태의 군락을 이룬다. 잎에 광택이 있다는 점에서는 넓은잎윤이끼(121쪽)와 비슷해 보이지만, 이 종은 독특한 금속성 광택을 띤다.

또한 삼나무 줄기를 좋아하는데, 삼나무 숲에서는 마찬가지로 삼나무를 좋아하는 가는흰털이끼(59쪽)가 이 군락에 섞여 자라는 경우가 많다.

메모 잎이 거울처럼 빛난다고 하여 거울이끼인데, 실제로는 거울보다는 풍뎅이의 금속성 광택에 더 가까워 보인다.

[발견 확률 ★★★]

털거울이끼

무성아실이끼과 ***Brotherella yokohamae*** 브로테렐라 요코하마에

루페로 알 수 있는 크기는 아니지만, 잎의 연결 부분에 갈라져 나온 가늘고 긴 실 모양의 무성아가 여러 개 붙어 있다. (4월 오사카부)

생육 장소 저지대의 반음지~볕이 잘 드는 나무줄기나 쓰러진 나무 위. 대기오염에 강해 도심에서도 흔히 자란다.

분포 동아시아

형태·크기 줄기는 기어다니며, 길이 1~2cm로 불규칙하게 가지가 뻗는다. 가지는 가늘고 5mm 정도이다. 가지잎은 길이 0.6~1mm로 가늘고 길며, 끝이 길고 예리하게 뾰족하다. 건조하거나 습한 상태와 관계없이 줄기에 항상 달라붙어 있다. 삭병은 길이 약 1.5~2cm이며, 삭은 원통형이다. 삭개는 뚜껑에 긴 부리가 있다. 암수딴그루이다.

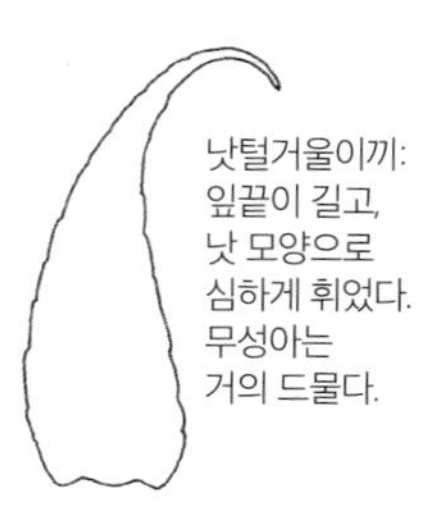

저지대의 나무줄기에서 매우 자주 볼 수 있는 흔한 종이다. 식물체는 약간 광택이 도는 녹색~올리브색이다. 가늘고 긴 잎이 줄기에 방사형으로 붙어 있고, 항상 줄기에 달라붙어 있어 실처럼 보인다. 나무줄기에 단단히 붙어 매트 형태의 군락을 만든다.

근연종으로는 낫털거울이끼가 있다. 오랫동안 이 종과 같은 종으로 여겨졌으나, 잎의 형태 차이와 분자 계통 분석 결과를 근거로 현재는 다른 속과 종으로 보는 관점이 지지를 얻고 있다.

메모 털거울이끼와 낫털거울이끼는 건조할 때 잎의 특징이 두드러져 구별하기 쉽다. 또한 털거울이끼는 도심의 길가에서 흔히 볼 수 있는 반면, 낫털거울이끼는 산지나 교외에서 주로 발견되는 등 분포에서 차이가 있다.

빨간겉주목이끼

[발견 확률 ★★★]

털깃털이끼과 *Pseudotaxiphyllum pohliaecarpum* 프세우도탁시필룸 폴리아에카르품

계곡 암벽에 매트 형태로 퍼진 군락 (12월 도쿄도)

생육 장소 저지대~산지대의 약간 그늘지고 습한 땅 위, 바위 위, 나무뿌리 주변. 도시 근교의 공원 등에서도 자란다.

분포 아시아 열대~아열대

형태·크기 줄기는 길이 1~2cm이며, 드문드문 가지를 친다. 잎은 길이 1~1.5mm이며 줄기에 평평하게 붙고 건조해도 전개한다. 잎끝은 뾰족하지만, 낫 모양으로 휘지 않는다. 중륵맥은 2갈래로 갈라지고 짧다. 암수딴그루이다.

식물체가 녹색이었다가 적자색일 때가 있다는 재밌는 특징이 있다. 녹색일 때는 다른 이끼에 섞여 알아채기 어렵지만, 적자색일 때는 눈에 잘 띈다. 포복성 선류 중 이러한 색을 띠는 것이 없어 쉽게 구분할 수 있다. 루페로 보면, 잎의 연결 부분이나 줄기 끝부분에 꼬인 실 모양의 무성아가 붙어 있을 때가 많다.

많은 무성아가 줄기 끝부분에 달려 있다.

다양한 장소에서 발견되는 이끼이지만, 도시 근교의 군락은 작은 경우가 많다.

메모 이 책에서는 이 종을 기존대로 털깃털이끼과로 보지만, 최근 분자 계통 분석에 따라 지금까지의 털깃털이끼과의 이끼 대부분이 털깃털이끼과에서 제외되었다. 이 종도 어떤 과에 속하는지 현재 확정되지 않은 상태다.

타조이끼

[발견 확률 ★★★]

털깃털이끼과 ***Ptilium crista-castrensis*** 프틸리움 크리스타-카스트렌시스

줄기는 윗부분이 위로 솟는다. 외관이 타조 날개를 닮은 데서 국명과 학명이 유래했다. 암수딴그루이다. (9월 야마나시현)

생육 장소 아고산대~고산대(눈잣나무 숲 바닥 등)의 반음지 부식토 위

분포 북반구

형태·크기 줄기는 길이 5cm 이상이며 중간부터 위로 자란다. 규칙적으로 분기하며, 전체가 삼각형의 깃털 모양을 이룬다. 가지는 길이 5~10mm 정도다. 경엽의 길이는 2.5~3mm이며 낫처럼 뚜렷하게 휘고 세로 주름이 있다. 중륵맥은 2갈래로 갈라져 짧거나 불명확하다.

높은 산에서 자라는 아름다운 대형 이끼이다. 숲 바닥에 커다란 군락을 이룬다. 줄기는 늠름하게 솟아올라 깃털 모양으로 갈라져 거의 삼각형의 형태가 된다. 비슷한 형태의 이끼가 달리 없어서 맨눈으로도 쉽게 구별할 수 있다.

또한 밝은 장소에서 자라면 노란빛이 상당히 진해지며, 그늘진 곳에서는 초록빛이 진해진다.

약간 어두운 숲 바닥에 꼬리이끼와 공생하는 군락

메모 털깃털이끼과의 재정의와 함께 이 종과 빨간곁주목이끼, 아기머리빗이끼, 털깃털이끼, 풀이끼는 현재 털깃털이끼과에서 제외되었지만, 이 책에서는 일단 기존의 정의대로 털깃털이끼과로 분류했다.

아기머리빗이끼

[발견 확률 ★★★]

털깃털이끼과 *Ctenidium capillifolium* 크리니디움 카피리폴리움

낮은 산의 돌담에서 자란다. 암수딴그루. 삭모에는 긴 털이 달려 있다. (4월 도쿄도)

생육 장소 저지대~산지대의 바위 위, 나무뿌리 주변, 썩은 나무 위 등. 산길 옆 햇볕이 잘 드는 바위벽이나 돌담 등에 모여 사는 모습이 자주 발견된다.

분포 한반도, 중국, 일본

형태·크기 줄기잎은 길이 약 1.6~2mm이고 잎은 원형이지만 윗부분만 급격히 끝이 가늘어지며 잎끝이 꼬인다. 가지잎은 길이 약 1.4~1.7mm이며 줄기잎보다 작고 홀쭉하다. 형태는 계란형으로 윗부분이 짧고 뾰족한 것이 특징이다.

광택이 있는 황록색으로, 부드럽고 푹신한 감촉이 기분 좋은 아름다운 이끼이다. 줄기는 기면서 자라고, 짧은 가지가 불규칙하게 갈라진다.

잎은 줄기와 가지 모두에 빽빽하게 달리고, 줄기잎은 줄기에 90°, 가지잎은 가지에 45°의 각도로 달린다. 그리고 줄기잎과 가지잎의 모양과 크기가 뚜렷이 다른 것도 이 이끼의 특징이다. 삭모에는 약간의 긴 털이 난다.

삭개에는 짧은 부리가 있고, 삭개에는 긴 털이 듬성듬성하게 나 있다.

메모 일문명을 직역하면 빗살이끼인데, 줄기에 잎이 직각으로 달리고 규칙적으로 배열된 모습이 빗살 같은 데서 유래했다.

털깃털이끼

[발견 확률 ★★★]

털깃털이끼과 ***Hypnum plumaeformee*** 히프눔 플루마에포르메에

잎은 건습도에 상관없이 낫 모양으로 굽는다.

마르면 가지가 안쪽으로 말리기 시작한다.

기본적으로 윤기가 있는 황록색이지만, 햇볕이 강하면 갈색으로 변하고 반대로 햇볕이 약하면 녹색이 짙어진다. (8월 가고시마현)

생육 장소 저지대의 햇볕이 잘 드는 흙 위, 바위 위, 나무뿌리 주변 등. 이끼 정원이나 사찰. 잔디와도 잘 섞여 자란다.

분포 동아시아, 하와이

형태·크기 줄기는 길이 10cm에 달하고 좌우로 균일한 길이의 가지가 나온다. 잎은 빽빽하게 난다. 줄기잎은 길이 약 1.5~3mm이고 잎의 상반부가 가늘고 길게 뾰족해지며, 잎끝이 낫 모양으로 심하게 굽는다. 잎맥은 2갈래로 갈라지고 짧다. 삭병의 길이는 3~5cm이며, 삭은 타원형이다. 암수딴그루이다.

햇볕이 잘 드는 저지대 어디에서나 볼 수 있다. 이끼 공의 주재료로도 알려져 있다. 건조에 강하고 생명력이 왕성해서 도심의 공원 등에서도 흔히 자란다. 잔디와 함께 자라도 지지 않고 큰 군락을 만든다. 가지는 습할 때는 좌우로 벌어지지만, 건조할 때는 안쪽으로 말려 변화가 크다.

근연종으로 가는털깃털이끼가 있다. 털깃털이끼보다 작고 산지에 많은데 나무뿌리 주변이나 숲길 바위 위에서 자란다.

건조 시의 가는털깃털이끼. 잎이 강하게 말린다.

메모 이외에도 겉모습이 비슷한 종에 이 종의 변종인 고하이고케(*Hypnum plumaeforme* var. *minus*)가 있다. 이 종보다 작고 바위의 수직면이나 나무줄기에서 자란다. 가지 끝에 작은 가지 모양의 무성아가 달린다.

COLUMN

이끼 지식 ❷

털깃털이끼과에 털깃털이끼가 없다?

궁금한 이끼를 조사하려고 여러 도감을 비교할 적에 오래된 도감과 새로운 도감에 기재된 학명(라틴어명), 속명, 과명이 다를 때가 있다. 오래된 도감이 출판된 다음에 해당 이끼의 연구가 진행되며 분류가 변한 것이다. 이러한 변경이 '가끔' 있는 정도라면 좋겠지만, 최근 그 빈도의 증가나 생각지도 못한 큰 폭의 변경에 곤혹스러운 일이 늘었다.

주된 원인은 20세기 말부터 식물의 분류 기준이 형태와 형질을 중시하던 기존의 분류법에서 DNA 정보에 기반해 생물의 계통 관계를 추정하는 분류 계통 분석에 의한 분류법으로 옮겨 가고 있기 때문이다.

예를 들어, 놀랄 정도로 변화를 맞은 것이 털깃털이끼이다. 체코의 연구자들에 의한 최신 논문에 따르면 털깃털이끼과(*Hypnaceae*)의 속의 수는 기존 약 60속(일본산은 약 20속)이었는데, 털깃털이끼속(*Hypnum*)만 남기고 모두 다른 과로 옮겨졌다. 게다가 털깃털이끼속에는 일본산만 약 20종이 있었는데, 숲털깃털이끼 등 몇 종만 남겨졌다. 과명이기도 한 털깃털이끼는 명주실이끼과(*Pylasisiaceae*) 붉은털깃털이끼속(*Calohypnum*)으로 이동해, 지금은 주인공 부재 상태이다.

하지만 의외로 이 사태에 대해 연구자의 대부분은 "그렇게 당황할 필요 없다"라며 차분한 반응이다. 왜냐하면 자신의 논문이나 저작물에 어떤 학명을 채용할지는 연구자 개개인의 판단에 맡겨지며, 오랜 시간에 걸쳐 많은 지지를 얻었던 학설이 최종적으로 분류의 본류가 되기 때문이다. 따라서 이 책도 제작 초기 단계에서는 고민이 많았지만, 털깃털이끼는 일단 털깃털이끼로 기재했다.

풀이끼

[발견 확률 ★★★]

털깃털이끼과 ***Callicladium haldanianum*** 칼리클라디움 할다니마눔

새로운 포자체와 오래된 포자체가 뒤섞여 있어 강한 생명력이 느껴진다. (11월 아오모리현 오이라세계류)

생육 장소 산지의 비교적 밝은 장소에 있는 썩은 나무나 나무뿌리 주변, 부식토 위 등

분포 북반구

형태·크기 줄기는 기면서 자라고 길이는 5~10cm 정도이며 불규칙한 깃털 모양으로 가지가 갈라진다. 잎은 윤이 나고 곧게 뻗어서 건조해도 오그라들지 않는다. 삭병은 적갈색이고 길이 2~3cm로 눈에 잘 띈다. 삭은 기울어져 있으며 길고 아치형으로 휘었다.

커다란 매트 형태의 군락을 이루는 대형 이끼이다. 옅은 녹색~황록색, 혹은 약간 갈색을 띠기도 한다. 암수한그루로 많은 포자체를 만든다. 양털이끼과 친구들(118쪽)과 매우 비슷해 혼동하기 쉽고, 익숙하지 않을 때는 맨눈으로 구별하기 어렵다. 다만 잎을 보면 이 종은 중륵맥이 거의 없거나 2갈래로 갈라지고 짧다.

'이끼의 3대 성지' 중 하나로 알려진 오이라세계류에서는 산책로에 있는 통나무 위에 큰 군락이 펼쳐져 있어 매우 장관이다.

메모 풀이끼라는 이름은 부드러운 풀 같은 외견에서 유래했다.

큰겉굵은이끼

[발견 확률 ★★★]

수풀이끼과 ***Rhytidiadelphus triquetrus*** 리티디아델푸스 트리퀘트루스

숲 바닥에서 위로 뻗어 오르기 때문에 눈에 잘 띈다. 잎은 밝은 녹색~황록색이다. (5월 나가노현)

생육 장소 아고산대 숲속의 부식토 위

분포 북반구

형태·크기 줄기는 길이 10cm 정도에 이르고 가지가 불규칙하게 갈라진다. 털 잎은 없다. 잎은 줄기와 가지에 모두 달리며, 줄기 잎은 길이 약 4mm이고 넓은 난형으로 끝이 뾰족하다. 습할 때나 건조할 때나 잎은 항상 펼쳐져 있다.

수풀이끼과 이끼는 크기가 크고 산지의 숲 바닥에 많아 등산 중에 흔히 볼 수 있다.

이 종은 아고산대 숲 바닥에서 자라며, 식물체가 기세 좋게 위로 자라므로 눈에 잘 들어온다. 잎이 줄기 끝부터 가지 끝까지 풍성하게 달려 있고, 줄기 양쪽에서 나오는 가지는 줄기 끝에서 하부로 갈수록 점점 길어져 그 풍모가 왠지 미니 크리스마스트리를 보는 것 같다. 복슬복슬한 것이 매우 부드러워 보이지만 실제로는 줄기가 비교적 단단하다. 암수딴그루이다.

가지는 중간 줄기가 가장 길다.

메모 일문명 '오후사'는 식물체의 모습에서 비롯됐다. 확실히 줄기 끝에 큰(오) 술(후사)이 늘어지듯 잎이 빽빽하게 나 있다.

[발견 확률 ★★★]

수풀이끼

수풀이끼과 *Hylocomium splendens* 힐로코미움 스플렌덴스

잎은 광택이 있는 올리브색에 가까운 황록색~밝은 황록색이다. 줄기는 적갈색이다. (9월 나가노현)

생육 장소 산지대~고산대. 특히 침엽수림 바닥이나 바위 위, 나무뿌리 주변, 쓰러진 나무 위 등

분포 북반구, 뉴질랜드

형태·크기 줄기는 길이 약 3cm 이상이며 때때로 20cm 이상이다. 편평하게 가지를 치며 해마다 성장한다. 줄기잎은 난형으로 끝이 물결치면서 뾰족한 경우가 있다.

상당한 대형 이끼로 날개처럼 가지를 펼쳐 서로 겹쳐 내며 숲 바닥을 덮을 만큼 커다란 군락을 이룬다. 특히 아고산대~고산대의 침엽수림 바닥을 차지하는 주인공급 이끼이다.

이 식물체는 3살이다.

주된 줄기 중간에서 1년에 한 개씩 새싹이 나오며, 그것이 다음 해의 줄기가 되어 계단처럼 층층이 계속 성장하는 것이 특징이다. 층이 몇 개인지 세 보면 이 이끼가 몇 살인지 알 수 있다. 이러한 독특한 형태 덕분에 맨눈으로도 쉽게 구별할 수 있다. 암수딴그루이다.

메모 영문명은 'STAIR-STEP MOSS'다. 계단 모양으로 해마다 성장하는 것을 의미한다.

후토류비고케

[발견 확률 ★★★]

수풀이끼과 ***Loeskeobryum cavifolium*** 로-스케오브리움 카비폴리움

산길 옆 비탈면 바위 위에서. 가지 끝에 있는 진한 녹색의 둥근 것이 새싹이다. 암수딴그루이다. (4월 도쿄도)

생육 장소 산지의 그늘지고 습한 부식토 위, 땅 위나 바위 위

분포 한반도, 중국, 일본

형태·크기 대형 이끼이다. 줄기는 적갈색이고 길이 10cm 이상 자라며, 털잎이 많이 붙어 불규칙하게 가지를 친다. 가지잎은 둥글게 서로 겹치며, 건조해도 펼쳐진 그대로다. 줄기잎은 길이 약 3mm로 넓은 계란형으로 오목하고, 잎끝이 급하게 가늘고 뾰족해진다. 가지잎은 줄기잎의 형태와 비슷하고 길이 약 1.5~3mm이다. 삭병은 길이 2~2.5cm이다.

산지의 그늘진 땅이나 바위 위에 윤기 나는 녹색~황갈색의 두터운 군락을 만든다. 줄기는 적갈색이며, 10cm에 이를 정도로 길게 자라고 불규칙하게 두꺼운 가지가 뻗는다. '후토류비'는 이 두꺼운(후토) 가지를 용(류)의 꼬리(비)에 비유한 데서 유래했다.

매년 새로운 줄기가 자라서 계단 모양이 된다.

수풀이끼처럼 해마다 한 층씩 성장하는 이끼로, 줄기 중간에서 매년 하나씩 새로운 줄기가 나온다.

메모 루페로 줄기를 보면 잎 이외에도 털 잎이라 불리는 갈라져 나온 털이 달린 것을 알 수 있다.

COLUMN

이끼 지식 ❸

숲의 통나무 간호사

숲을 걷다 보면 태풍에 쓰러진 나무가 가로누워 있는 것을 가끔 보게 된다. 이처럼 바람에 넘어진 나무는 썩어 갈 뿐인 무용한 것처럼 보이는데, 사실 그렇지 않다. 여기에 이끼가 붙어 살면, 이끼 매트를 요람으로 삼아 큰 나무의 새싹이 자란다. 균류나 박테리아가 번식해서 곤충의 보금자리가 된다. 나아가 곤충을 노리는 새나 동물의 먹이터가 되고, 그들의 배설물은 토양의 거름이 된다.

이렇게 바람에 넘어진 나무는 자신이 대지로 돌아갈 때까지 무수한 생명을 돕는 간호사 같은 역할을 하므로, 영어로 '너스 로그', 즉 통나무 간호사라고 불린다. 무용하긴커녕 숲의 귀중한 자원인 것이다. 더욱이 최근 연구에 따르면, 쓰러진 나무 위에 사는 생물에는 보다 다양하고 복잡한 네트워크가 존재한다는 것이 밝혀져 더욱 흥미롭다.

한편 채집한 이끼를 넣는 채집 주머니에는 생육지 정보 기입란이 있는데, '쓰러진 나무/썩은 나무' 선택지가 있다. 일반적으로 썩어서 쓰러진 나무도 '쓰러진 나무'라고 불리기 때문에 옛날에는 채집할 때 자주 고민했다.

이끼 관찰 세계에서 쓰러진 나무는 아직 수피가 벗겨져 있지 않고 표면이 생목에 가깝게 단단한 상태를 가리킨다. 썩은 나무는 수피가 벗겨지고 속까지 부후균에 의해 분해가 진행돼 전체적으로 물기를 머금은 스펀지처럼 축축하고 부드럽다. 채집할 때 참고하길 바란다.

앞쪽이 썩은 나무, 뒤쪽이 쓰러진 나무

태류

Liverworts

대다수의 종이 소형이다.
그런 만큼 루페로 관찰하는 재미를 맛볼 수 있다.
구별 방법에는 복엽이나 복인편 등이 있다.
식물체의 복면 관찰이 빠지지 않는다.

각태류

Hornworts

종 수는 이끼 식물 전체의 겨우 약 1%.
만나는 것만으로도 행운이다. 찾을 때는
뿔 모양의 삭이 가장 중요한 표지가 된다.

[발견 확률 ★★★]

털가시잎이끼

털가시잎이끼과 *Trichocolea tomentella* 트리코콜레아 토멘텔라

식물체는 노란 기가 강한 녹색을 띤다. 삭은 실로카우레라 불리는 포자체 보호기관에 싸여 있다. (3월 미에현)

생육 장소 저지대~산지대의 반음지 땅 위, 쓰러진 나무, 바위 위 등. 다른 이끼 군락 위에 포개어 덮듯이 자라기도 한다.

분포 북반구, 동남아시아

형태·크기 줄기는 기면서 자라며 길이는 약 2~5cm 전후이고 규칙성 있게 가지가 뻗는다. 잎은 길이 약 1mm, 폭 약 1.5mm로 잘게 갈라져 긴 털 모양을 이룬다. 암수딴그루이다.

이름처럼 전체가 털로 덮여 있고 가지 끝이 둥글어 마치 털이 복슬복슬한 강아지나 고양이의 발 같다.

털처럼 보이는 이유는 길고 가는 털 모양으로 갈라진 잎이 가지에 빽빽하게 늘어져 있기 때문인데, 약간 건조한 상태의 식물체를 루페로 보면 그 모습이 잘 보인다. 한국에는 드문 종이지만, 일본의 경우 낙엽수·상록활엽수림에서 자주 보인다. 털가시잎이끼 친구들은 최근 연구에 따르면 일본에 5종이 있는 것으로 밝혀졌다.

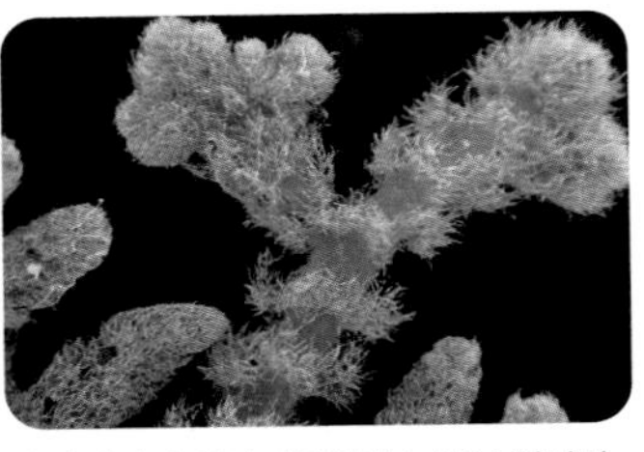

잘게 갈라진 잎이 빼곡하게 늘어서 털처럼 보인다. (촬영: 사키야마 슈쿠이치)

메모 일본산 털가시잎이끼과는 이 종뿐만 아니라 하네무쿠무쿠고케(*Trichocolea pluma*), 이보무쿠무쿠고케(*Trichocolea japonica*) 등 5종이 알려져 있다.

벼슬이끼

[발견 확률 ★★★]

벼슬이끼과 *Lepidozia vitrea* 레피도지카 비트레아

줄기에 자그마한 잎이 달린다.

계곡의 젖은 바위 위에 모여 산다. 식물체는 옅은 녹색~황록색이다. 포자체는 드물다. (11월 효고현)

생육 장소 저지대~산지의 반음지 바위 위, 땅 위, 쓰러진 나무 위 등
분포 동아시아
형태·크기 줄기는 길이 1.5~4cm이고 불규칙하게 가지가 갈라져 깃털 모양을 이룬다. 잎은 작고 길이 0.2~0.5mm, 폭 0.2~0.5mm로 줄기의 지름과 거의 같다. 줄기에 비스듬히 붙어서 평편하게 펼쳐진다. 잎끝은 3~4갈래로 갈라지고 약간 안으로 굽는다. 잎과 잎은 서로 붙거나 약간 떨어져 달린다. 복엽은 잎과 마찬가지로 자그맣고, 잎끝이 3~4갈래로 갈라진다. 암수딴그루이다.

벼슬이끼과 이끼는 식물체의 이면(복면)에 아래로 뻗는 가느다란 채찍 모양의 가지인 편지(鞭枝)를 가진 경우가 많다. 줄기는 2갈래로 뻗거나 깃털 모양으로 펼쳐진다.

벼슬이끼는 습도가 높은 계곡이나 폭포 근처의 바위 위, 쓰러진 나무 위에서 자란다. 기물을 베일처럼 부드럽게 덮어 큰 군락을 만들며, 섬세하고 우아한 모습이 인상적이다. 맨눈으로는 줄기와 가지만 보이지만, 루페로 보면 잎끝이 3~4갈래로 갈라진 작은 잎이 붙어 있다는 것을 알 수 있다. 형태가 비슷한 이끼로는 아기솔잎이끼가 있다. 줄기의 길이가 약 0.5~2cm 정도로 조금 더 작다.

메모 서남 일본의 계곡에서 자라는 벼슬이끼는 때때로 가지 끝이 채찍 모양으로 뻗는 경우가 있다.

[발견 확률 ★★★]

좀벼슬이끼

벼슬이끼과 *Bazzania pompeana* 밧자니아 폼페아나

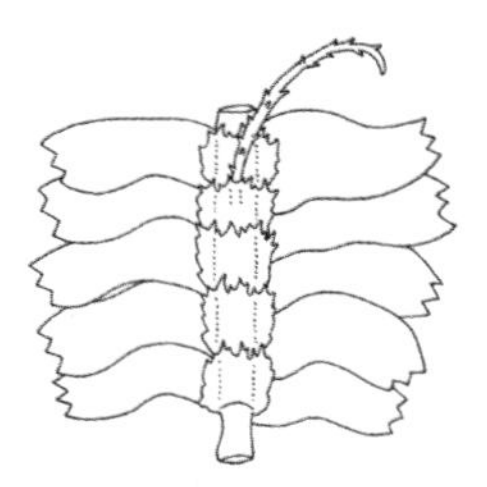

좀벼슬이끼(복면)
복엽은 가장자리에 불규칙한 톱니가 있고, 습할 때는 투명하지만 건조할 때는 하얗게 된다.

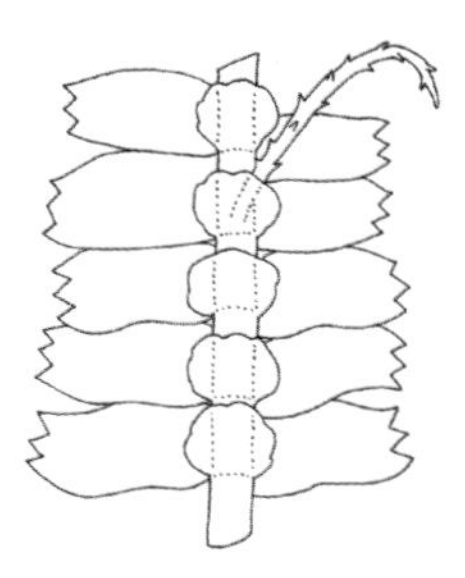

둥근아기좀벼슬이끼(복면)
복엽은 끝이 둥글고, 습할 때는 투명하지만 건조할 때는 하얗게 된다.

선좀벼슬이끼(복면)
복엽은 끝에 톱니가 있고, 바깥쪽으로 휘어진다. 색은 잎과 같다.

식물체는 심녹색~올리브색을 띤 녹색이다. (8월 미에현)

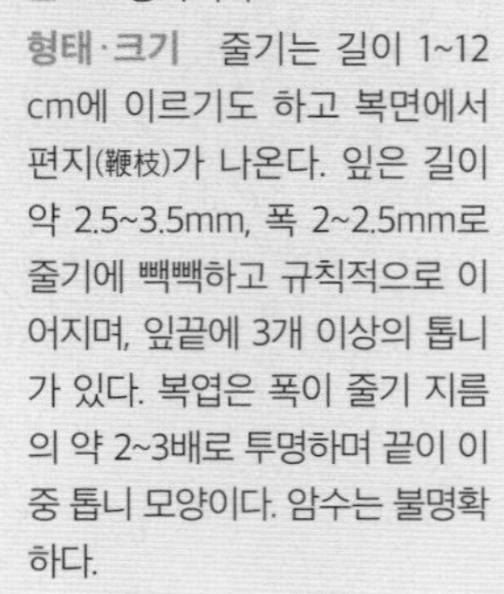

생육 장소 저지대~산지대 숲속 바닥, 바위 위, 나무줄기 위, 산길 주변

분포 동아시아

형태·크기 줄기는 길이 1~12 cm에 이르기도 하고 복면에서 편지(鞭枝)가 나온다. 잎은 길이 약 2.5~3.5mm, 폭 2~2.5mm로 줄기에 빽빽하고 규칙적으로 이어지며, 잎끝에 3개 이상의 톱니가 있다. 복엽은 폭이 줄기 지름의 약 2~3배로 투명하며 끝이 이중 톱니 모양이다. 암수는 불명확하다.

줄기가 Y자 형태이며 줄기 아래에서 편지(鞭枝)가 아래로 늘어지는 대형 이끼이다. 이면(복면)에는 큰 복엽이 달렸고, 투명하며 끝에 여러 개의 이빨이 있다.

근연종으로는 둥근아기좀벼슬이끼와 선좀벼슬이끼가 있다. 둥근아기좀벼슬이끼의 줄기 길이는 1~3cm, 선좀벼슬이끼의 줄기 길이는 3~5cm로 이 종보다 약간 작지만, 배면만으로는 구별이 어렵다. 반드시 복면의 복엽 모양을 확인해야 한다.

메모 편지(鞭枝)는 가지가 변형된 기관이다. 연약한 실 같지만 작은 돌기 모양의 잎이 붙어 있고 아래 방향으로 자란다.

아기목걸이이끼

[발견 확률 ★★★]

목걸이이끼과 *Calypogeia arguta*(*Asperifolia arguta*) 칼리포게이아 아르구타(아스페리포리아 아르구타)

이렇게 작다.
(거의 실제 크기)

식물체는 청록색~황록색이고 얇은 질감이다. 가늘고 긴 황록색의 이끼는 다른 종의 선류이다. (11월 효고현)

생육 장소 저지대~산지의 음지~반음지에 습한 흙 위. 드물게 쓰러진 나무 위에서도 자란다.
분포 북반구
형태·크기 줄기는 기면서 자라며 길이 약 1cm이고 가지는 거의 갈라지지 않는다. 잎은 길이 0.5~1mm이고 혀 모양~삼각형으로 끝이 깊지 않으며 넓은 U자형에 2갈래로 나뉜다. 복엽은 작지만 깊게 2갈래로 나뉜다. 무성아가 풍성하다. 자웅딴그루이다.

<저지대에서 자주 보이는 목걸이이끼과>

아기목걸이이끼: U자형에 2갈래로 나뉜다.

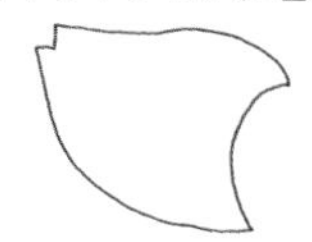

들목걸이이끼: 작은 이빨이 2개 있다.

계곡목걸이이끼: 뾰족하지 않고 둥글다.

그늘지고 습한 흙 위에 얇게 퍼져서 모여 산다. 줄기 끝부분에 둥근 무성아 덩어리가 올려져 있어서 작지만 존재감이 있다.

그리고 목걸이이끼과 이끼 중에는 이처럼 무성아가 달리는 이끼가 또 있다. 잎끝의 모양으로 종을 구별할 수 있다.

메모 태류의 대부분은 현미경으로 잎의 세포를 관찰하면 '유체'라 불리는 공 모양의 구조물이 있는데, 그 색과 모양의 차이가 분류의 중요한 단서가 된다. 이 종의 경우, 각 세포에 2~5개의 작은 알맹이 모양의 유체를 볼 수 있다.

[발견 확률 ★★★]

게발이끼

게발이끼과 *Cephalozia otaruensis* 케파로지아 오타루덴시스

잎이 가위처럼 크고 깊게 베인 모양이다. 길게 자란 끝에 무성아가 달려 있다. (9월 교토부)

생육 장소 저지대~고지대의 젖은 흙 위, 쓰러진 나무 위

분포 일본, 대만, 사할린

형태·크기 줄기는 기면서 자라고, 길이 약 5~10mm에 종종 가지가 갈라진다. 잎은 원형으로 약간 안쪽으로 패여 있고, 잎의 반 정도까지 U자 형태로 2열하며 끝이 뾰족하다. 또한, 잎과 잎 사이가 약간 떨어지거나 약간 붙어서 자란다.

길이 최대 1cm, 폭 1~2mm 정도로 매우 작다. 투명한 옅은 녹색~어두운 녹색인데, 종종 붉은색을 띤다. 잎은 줄기에 약간 비스듬하게 달리고, 잎 길이의 중간 정도까지 큰 U자 형태로 2열한다. 국명은 잎의 갈라짐이 게발의 모양을 닮아 붙었으며, 일문명(오타루야네바)은 모양이 화살의 살깃(야네바)을 닮았다고 하여 붙었다. 복편이나 복엽은 없다.

저지대~고지대의 흙 위, 쓰러진 나무 위에 자그마한 군락을 이루고, 숲 바닥에 누워 있는 쓰러진 나무를 유심히 관찰하면 발견할 수 있다. 작지만 세포가 커서 잎을 루페로 보면 동글동글한 세포를 확인할 수 있다.

메모 쓰러진 나무 관찰은 참 재밌다. 이끼를 포함해 버섯, 점균 등 작고 아름다운 생명의 보고이기 때문이다.

주머니게발이끼

[발견 확률 ★★★]

게발이끼과 *Nowellia curvifolia* 노웰리아 쿠르비폴리아

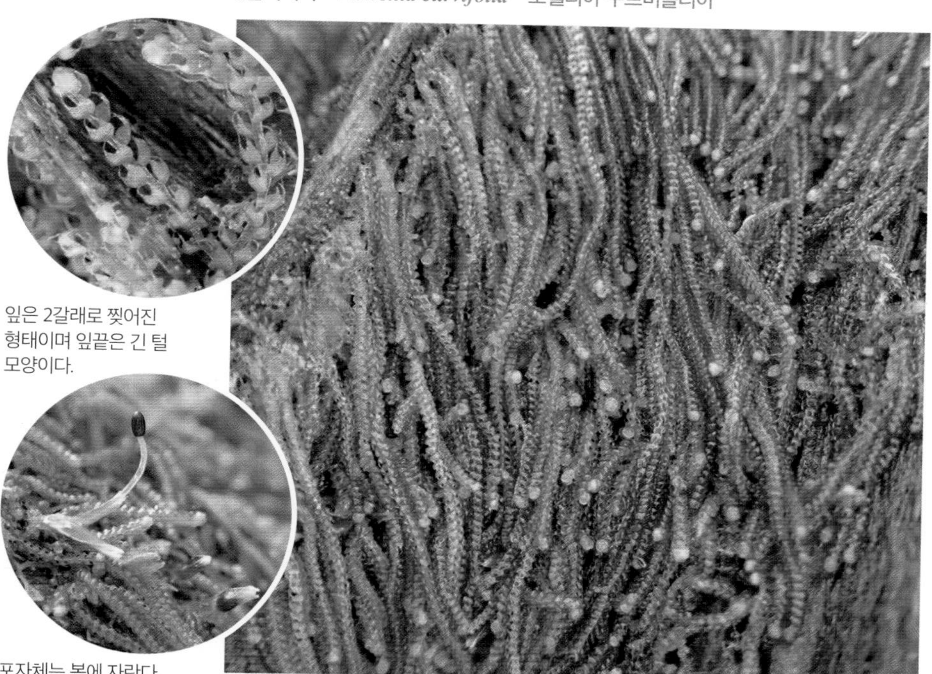

잎은 2갈래로 찢어진 형태이며 잎끝은 긴 털 모양이다.

포자체는 봄에 자란다. 조란기를 보호하는 화피는 적갈색의 방종형이다.

줄줄이 이어지는 아름다운 잎이 마치 비즈 액세서리 같다. (1월 가고시마현 야쿠시마)

생육 장소 산지의 습한 썩은 나무

분포 북반구

형태·크기 줄기는 길이 7~15mm이다. 잎의 기부는 주머니 모양이고 잎의 반 정도까지 넓은 U자형으로 끝이 2갈래로 갈라져 바늘 모양으로 자란다. 그 끝은 긴 털 모양이다. 복엽은 없고, 무성아가 줄기에 달린다. 암수딴그루이다.

썩은 삼나무에 모여 산다.

저산지대부터 고산대까지의 썩은 나무에서 자란다. 식물체는 담녹색~황록색이기도 하지만, 적갈색으로 변할 때도 많다. 잎 가장자리가 안쪽으로 강하게 말리며 주머니 모양으로 부풀며, 잎이 서로 조금씩 겹쳐 줄기에 가로로 달리는 것이 특징이다.

줄기는 실처럼 자라서 매트 형태의 군락을 이루지만, 썩은 나무의 색과 비슷해져서 의외로 사람 눈에 띄지 않는다. 심재가 남아 있는 비교적 단단한 목재를 좋아하는 경향이 있다.

메모 근연종에 잎끝의 긴 털이 짧은 후쿠레야바네고케(*Nowellia aciliata*)가 있다. 일본에서는 야쿠시마에만 분포하는데, 거의 볼 수 없다.

[발견 확률 ★★★]

댕기이끼

게발이끼과 ***Odontoschisma denudatum* subsp. *denudatum*** 오돈토스키스마 데누다툼 데누다툼

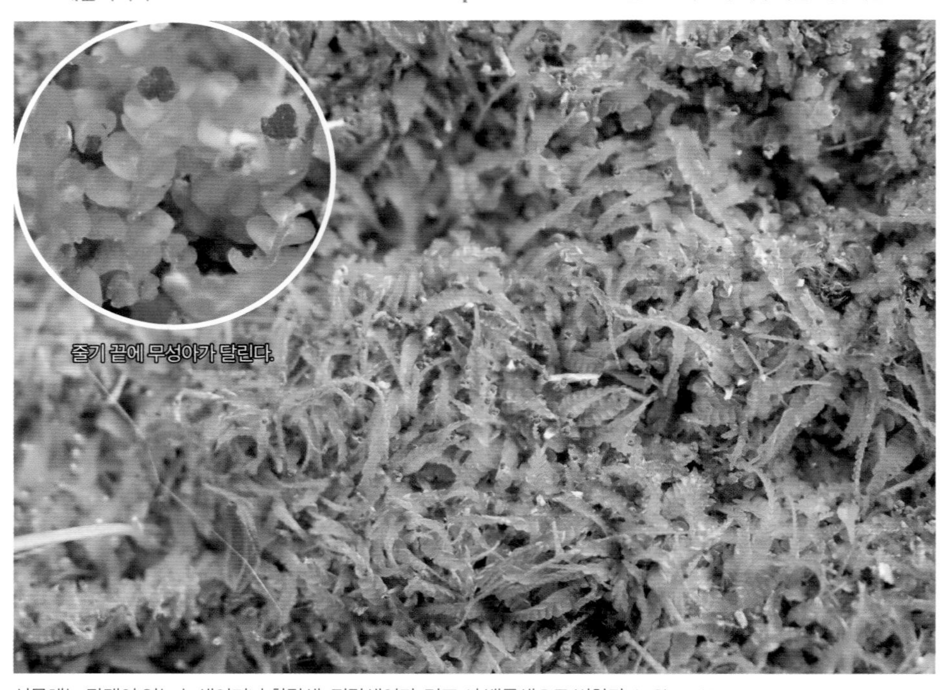

식물체는 광택이 있는 녹색이거나 황갈색~적갈색이다. 건조 시 백록색으로 변한다. (12월 교토부)

생육 장소 저산지대~고산지대의 눅눅한 썩은 나무
분포 북반구
형태·크기 줄기는 길이 1~2cm이고 폭 1~3mm이다. 가지가 거의 갈라지지 않는다. 잎은 넓은 난형으로 약간 움푹한데, 약간 서로 겹치듯 자라며 줄기 끝으로 갈수록 작아진다. 복엽은 맨눈으로 볼 수 없을 정도로 아주 작다. 화피는 방종형이며, 복면에서 나온 짧은 줄기에 달린다. 무성아는 줄기 끝에 달리며 백록색~적갈색을 띤다.

저산지대부터 고산지대까지 분포한다. 줄기는 채찍 모양으로 자라면서 기물을 기어가고, 종종 줄기 끝이 위로 솟는다. 잎은 둥글고 약간 서로 겹치게 나며, 건조 시에는 접히는 모양새다.

썩은 나무 표면 전체를 뒤덮은 대군락

산길 옆에 길게 방치된 눅눅하게 썩은 나무에서 자주 발견된다. 늦가을과 겨울 사이에 무성아가 빨갛게 물들면 초심자도 쉽게 찾을 수 있다.

메모 2010년대부터 댕기이끼속의 분류학적 재검토가 이루어졌다. 일본산은 이때까지 이 종을 포함해 3종이 알려졌는데, 지금은 7종이 인정된다. 또한 댕기이끼속 이외에 분포 지역이 좁은 2아종이 있다.

시후네루고케

[발견 확률 ★★★]

게발이끼과 ***Schiffneria hyalina*** 시후네리아 히알리나

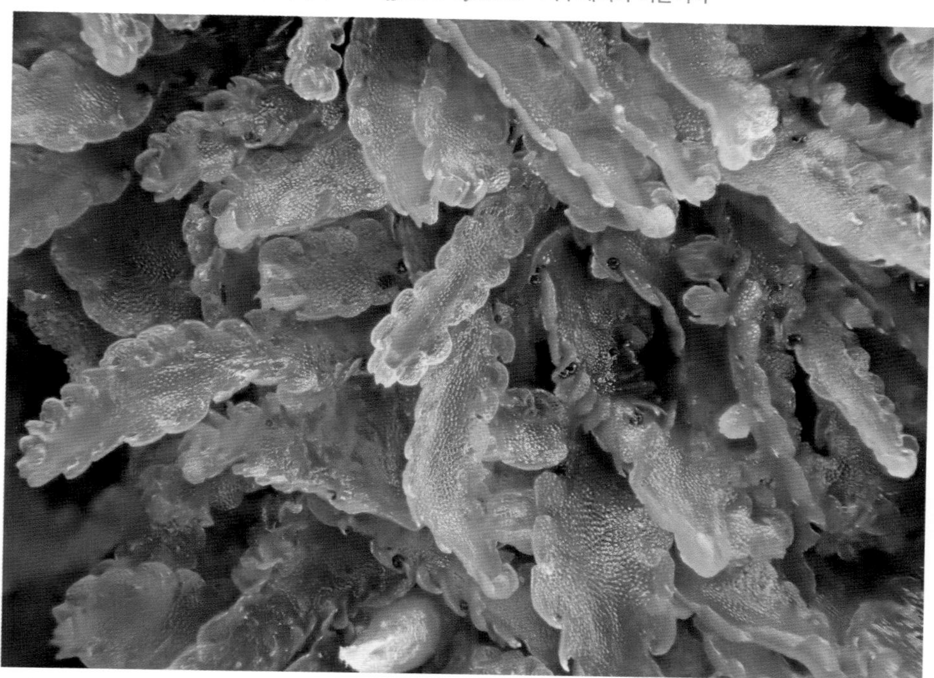

프릴 같은 잎이 특징이다. 백록색~녹색으로 윤기가 돌고 약간 투명하다. 암수딴그루이다. (3월 미에현)

생육 장소 상록수림의 눅눅하게 썩은 나무나 수목의 뿌리 주변

분포 동아시아~동남아시아, 히말라야

형태·크기 줄기는 길이 2~3cm에 폭 2~3mm이며, 편평해서 엽상체처럼 보인다. 잎은 원형이고 앞뒤 잎이 조금 겹쳐 자란다. 복엽은 없다. 화피는 방종형으로 복면에 나온 짧은 가지에 달린다. 포자체는 봄에 자란다. 무성아는 없다.

게발이끼과 중에는 대형에 속한다. 썩은 나무나 삼나무 뿌리 주변 등에 곧잘 순군락을 이룬다. 줄기는 얇고 편평해서 엽상체처럼 보인다. 게발이끼과 이끼지만 잎 모양이 게발 모양과는 거리가 있는 반원형이라는 점에서 다른 종과 구별이 쉽다.

만지면 부서질 것 같은 썩은 나무에서 자라는 군락

화려한 이끼지만 멀리서 보면 생각보다 작고 평범한 느낌이다. 생육 환경을 도감에서 확인한 다음 찾는 것을 추천한다.

메모 학명·일문명은 오스트리아의 이끼 연구가 V. F. Schiffner(1862~1944)의 이름에서 유래했다.

[발견 확률 ★★★]

오호키고케

둥근망울이끼과 *Solenostoma infuscum*(*Jungermannia infusca*) 솔레노스토마 인푸스쿰(융게르마니아 인푸스카)

식물체는 녹색~황록색이다. 종종 붉은색을 띨 때도 있다. (7월 가나가와현)

생육 장소 저지대~산지대 속 반음지의 습한 바위 위나 흙 위, 제방, 길옆 경사면 등

분포 동아시아

형태·크기 줄기는 기면서 자라지만 약간 비스듬히 뻗어 오른다. 길이는 2~3cm이다. 가지가 갈라지지 않는다. 무색~자색의 헛뿌리가 많이 달린다. 잎은 길이 약 1~3mm이고 난형의 혀 모양으로, 잎 가장자리는 전연이며 크게 펼쳐져 빽빽하게 겹쳐 자란다. 복엽은 없다. 암그루의 생식기관은 줄기 끝부분에 달린다. 화피는 원추형이며 여러 개의 주름이 있어 비틀어졌고 자포엽에서 그다지 튀어나오지 않는다. 암수딴그루이다.

둥근망울이끼과는 일본에 90종 이상이 알려져 있는 규모가 큰 그룹이다.

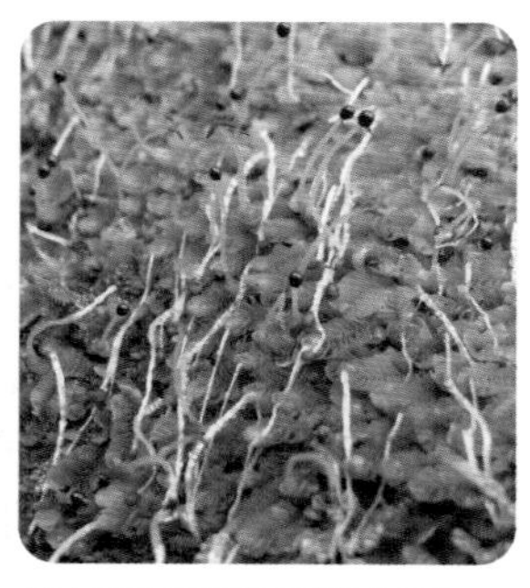

이른 봄에 포자체가 자라난 군락

그중에서도 오호키고케는 저지대 반음지의 습한 바위 위나 흙 위, 길옆 경사면 등에서 비교적 자주 볼 수 있다. 작지만 규칙적으로 늘어선 잎은 활짝 펼쳐져 있어 루페로 보면 아주 아름답다.

메모 개인적으로는 풀냄새가 느껴진다. 태류의 냄새는 잎의 세포 내에 있는 유체와 관련이 있다.

빨간비늘이끼

[발견 확률 ★★★]

은비늘이끼과 *Nardia assamica* 나르디아 앗사미카

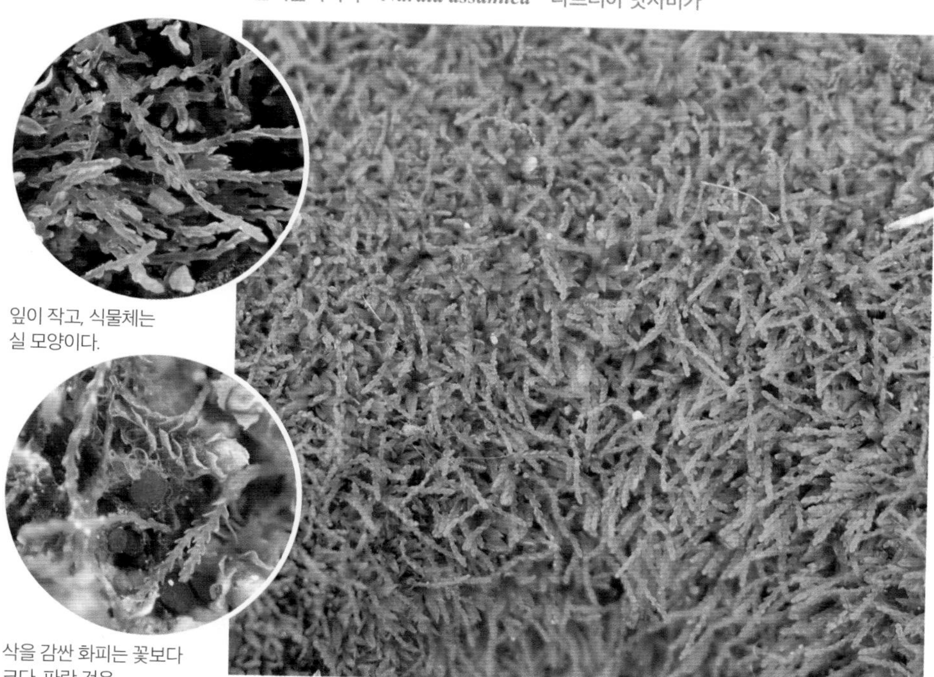

잎이 작고, 식물체는 실 모양이다.

삭을 감싼 화피는 꽃보다 크다. 파란 것은 미도리코케뵤타케라는 버섯이다.

식물체는 황록색~적갈색이다. 겨울에 빨갛게 변할 때가 많다. 암수딴그루이다. (11월 교토부)

생육 장소 침엽수림대보다 하부~저지대. 해가 잘 들거나 약간 그늘지고 습한 땅 위. 평탄한 나지, 제방, 절벽 등

분포 동아시아, 코카서스

형태·크기 줄기는 길이 0.5~1.5 cm, 가지는 적게 갈라진다. 잎은 넓은 난형~반원형으로 전연이며, 줄기에 비스듬히 펼쳐진다. 잎과 잎 사이는 약간 떨어져 있거나 살짝 붙어 있다. 복엽은 줄기와 폭이 같고, 기부에서 헛뿌리가 나온다. 화피는 방종형이다.

산사태 등으로 만들어진 민둥땅에 제일 먼저 생기는 이끼 중 하나인데, 매일 다른 이끼가 침입할 틈이 없을 정도로 구석구석 비질하는 사찰 경내에서도 자주 보인다. 소형 이끼라서 빗자루로는 쓸어 낼 수 없는 것 같다.

사찰 내 흙 위가 약간 초록빛이 돈다면 이 종이 자라고 있을 가능성이 크다.

사찰 경내에 모여 살고 있다.

메모 미도리코케뵤타케(직역하면 '초록이끼표주버섯')는 이끼에 기생하는 균류로, 주로 소형 태류 군락에서 발견된다.

[발견 확률 ★★★]

챠보히샤쿠고케

엄마이끼과 *Scapania stephanii* 스카파니아 스테파니이

원래 잎은 황록색이며 빨갛게 물들지 않을 때도 있다. 암수딴그루이다. (4월 도쿄도)

생육 장소 저지대~산지대의 해가 잘 들고 습한 바위 위, 산길 경사면, 절벽 등

분포 동아시아

형태·크기 줄기는 약간 끝이 서 있고, 길이 1~2cm에, 가지는 거의 갈라지지 않는다. 잎은 작은 배편과 큰 복편이 있어서 양쪽 다 가장자리에 연약한 톱니가 있다. 복엽은 없다.

식물체의 배면: 배편이 작고 복편이 크다.

엄마이끼과 이끼는 배편이 작고 복편이 큰 것이 특징이며, 표면(배면)에서 보면 배편 뒤로 복편이 크게 튀어나와 있다.

이 종은 식물체가 빨갛게 물드는 아름다운 이끼인데, 습한 바위에 비스듬히 위로 뻗어 나가며 군락을 이루고 산다. 그늘보다는 밝고 탁 트인 장소를 좋아하며, 습하면 직사광선이 닿는 산길 옆 경사면 등에서도 볼 수 있다.

메모 비슷한 이끼로 아기엄마이끼가 있어서 이끼 연구자 중에서는 챠보히샤쿠고케와 같은 종으로 보기도 하지만, 이 책에서는 다른 종이라는 견해를 따랐다.

톱니긴엄마이끼

[발견 확률 ★★★]

엄마이끼과 ***Diplophyllum serrulatum*** 이플로필룸 세르룰라툼

기하학적인 독특한 잎의 배열은 한번 보면 잊을 수가 없다. 암수한그루이다. (11월 효고현)

생육 장소 저지대~저산지대. 약간 밝은 경사진 흙 위. 산길 옆, 사찰이나 자연공원 길옆 등
분포 동아시아
형태·크기 줄기는 길이 0.5~1cm이다. 복편은 긴 혀 모양으로 약간 구부러져 있고, 길이 0.7~1.2mm이다. 배편의 길이는 복편의 반이다. 복편·배편 모두 끝이 뾰족하고, 가장자리 전체에 작은 톱니가 있다. 복엽은 없다. 무성아가 줄기 끝부분에 생긴다.

식물체는 황록색~황갈색이다. 일문명(노코기리코오이)은 복편·배편의 가장자리 전체에 톱니가 있고 큰 복편이 작은 배편을 업고 있는 모습이 각각 '톱(노코기리)'과 '아이를 업은 것(코오이)' 같다고 하여 지어졌다. 저지대~저산지대의 경사면에서 자주 볼 수 있다.

식물체는 나이를 먹어 갈색인데, 줄기 끝부분에 황록색의 무성아가 달려 있다.

같은 속에 속하는 이끼로는 흰긴엄마이끼 등 6종이 알려져 있다. 모두 배편·복편의 끝이 이 종처럼 뾰족하지 않으며, 해발고도가 조금 더 높은 곳에서 자란다.

메모 옛 일문명에는 톱+이중비늘+이끼라는 의미가 있다. 역시나 복편과 배편이 겹치는 모습을 나타낸다.

[발견 확률 ★★★]

돌잔비늘이끼

잔비늘이끼과 *Mylia verrucosa* 밀리아 베르코사

식물체는 황록색이다. 줄기 끝부분 근처 잎이 빨간색을 띠기도 한다. 암수딴그루이다. (9월 홋카이도)

생육 장소 산지대~아고산대의 약간 그늘진 바위 위, 썩은 나무 위, 부식토 위
분포 일본, 시베리아~히말라야
형태·크기 줄기는 길이 2~3cm이다. 잎은 긴 혀 모양이고 가장자리가 바깥쪽으로 휘었다. 복엽은 작고 선형이며 헛뿌리에 묻혀 있다. 화피에 다수의 돌기가 있고, 아랫부분은 원통형이며 윗부분은 편평하다. 무성아는 없다.

주로 아고산대의 바위 위, 썩은 나무 위, 부식토 위에서 볼 수 있다. 경엽체의 태류 중에서는 대형에 속한다. 긴 혀 모양의 잎이 규칙적으로 늘어선 모습이 아름답고, 특히 썩은 나무 위에서는 커다란 매트를 이루므로 발견하기 쉽다.

화피는 줄기나 가지의 끝부분에서 나온다. 삭은 거의 구형이다.

근연종으로는 잔비늘이끼가 있다. 같은 장소에서 나고 자라지만, 잎은 원형~난형이다. 그리고 포자체를 감싸는 화피의 돌기가 전혀 없다는 차이가 있다.

메모 다른 근연종으로는 나메리카우로코고케(*Mylia nuda*)가 있다. 잎은 이 종과 마찬가지로 긴 혀 모양이지만 화피에 돌기가 없다.

큰비늘이끼

[발견 확률 ★★★]

두끝벼슬이끼과 *Heteroscyphus coalitus* 헤테로스키푸스 코알리투스

계곡의 젖은 바위 위에 산다. 암수딴그루이다. (3월 미에현)

<저지대에서 자주 볼 수 있는 두끝벼슬이끼과>

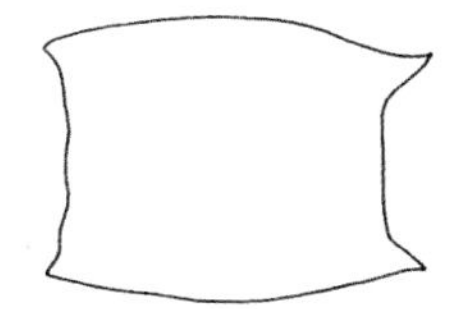

큰비늘이끼
잎이 거의 장방형이며, 어깨에 이빨이 하나씩 있다.

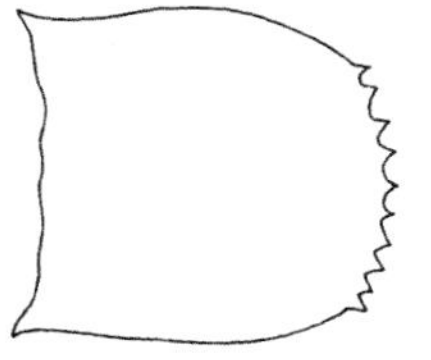

아기비늘이끼
잎끝이 둥글고 이빨 크기가 같다.

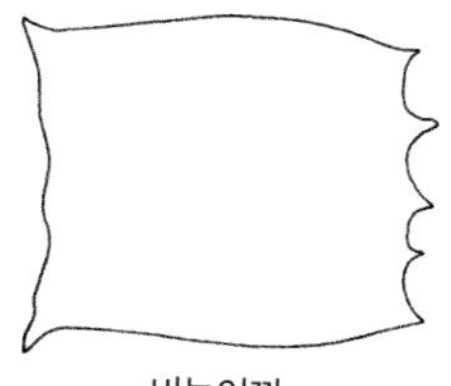

비늘이끼
위의 2종보다 작고 이빨의 크기가 불규칙하다.

생육 장소 저지대~산지대, 계곡의 약간 그늘지고 습한 바위 위, 흙 위, 썩은 나무 위. 물속에서도 자란다.
분포 동아시아, 호주
형태·크기 줄기는 길이 2~5cm 내외다. 잎은 평평하고 거의 장방형으로 양쪽 어깨에 이빨이 하나씩 있다. 물가에 자란 개체의 잎은 드물게 이빨이 없기도 하다. 복엽은 작고 4갈래로 갈라져 있다. 기부는 좌우의 잎과 종종 이어진다. 무성아는 없다.

낮은 산이나 계곡 등의 습한 바위 위나 흙 위에서 자주 볼 수 있다. 식물체는 회녹색~황록색이며 조금 탁하다. 태류 중에서는 대형에 속하여 길이 5cm 이상까지 자라기도 한다. 비늘이끼속 중에서는 가장 찾기 쉽다.

한편 근연종은 2종 있다. 잎끝 모양에서 차이가 난다.

메모 이름은 잎의 배열이 비늘 같아 보이는 데서 유래했다. 두끝벼슬이끼과 중에서도 작고 둥근 잎을 가진 종은 이 이름이 어울리지만, 이 종은 비늘보다는 고양이의 귀나 토토로의 실루엣이 연상된다.

아기두끝벼슬이끼

[발견 확률 ★★★]

두끝벼슬이끼과 ***Lophocolea minor*** 로포콜레아 미노르

식물체는 백록색~황록색이고 얇은 질감이다. 소형 이끼로 길이 1~2cm, 폭 1~2mm 정도 된다. (12월 가나가와현)

생육 장소 저지대~산지대의 음지~반음지의 나무줄기, 썩은 나무, 바위 위, 흙 위

분포 북반구의 온대 지역

형태·크기 줄기는 기면서 자라고, 길이 1~2cm에, 가지를 별로 치지 않는다. 잎은 장방형이며, 끝이 얕게 2갈래로 찢어졌다. 복면에는 깊게 2갈래로 찢어진 복엽이 있다. 암수딴그루이다. 잎 가장자리에 자주 무성아가 달리며, 많을 때는 곰팡이가 핀 것처럼 보인다.

저지대~산지에 넓게 분포하며, 음지~반음지의 나무줄기, 썩은 나무, 바위 위, 흙 위 등에 달라붙어 자란다. 저지대에서 자주 볼 수 있는 흔한 종이다. 그렇지만 매우 작아서 막상 필드에서 찾으려고 하면 의외로 찾기 어려워서 다른 이끼를 보다 보니 눈에 들어오는 경우가 곧잘 있다.

소형 이끼이면서 얇은 질감의 백록색 태류가 몇 종인가 있는데, 익숙하지 않으면 구별하기 어렵다. 하지만 이 종은 잎의 가장자리에 자주 무성아가 달려서 종종 잎의 가장자리 전체가 곰팡이가 핀 것처럼 보인다는 사실만 기억하면 초심자도 쉽게 구별할 수 있다.

메모 이 종은 손가락으로 문지르면 코가 뻥 뚫리는 약 냄새가 난다. 이름의 '벼슬'은 화피의 입 부분에 이빨이 있는 데서 유래했다.

둥근날개이끼

[발견 확률 ★★★]

날개이끼과 *Plagiochila ovalifolia* 플라지오칠라 오발리폴리아

식물체는 옅은 녹색~황록색이다. 잎은 빛이 투과되어 아름답다. 암수딴그루이다. (11월 아오모리현 오이라세계류)

생육 장소 계곡의 습한 바위 위, 절벽, 떨어져 나온 돌
분포 동아시아
형태·크기 줄기는 길이 3~5cm이고 가지를 별로 치지 않는다. 잎은 길이 2~3mm 정도에 난형으로 잎 가장자리가 둥글다. 25~35개 정도의 작은 이빨이 나 있다. 암그루의 생식기관을 뒤덮은 화피는 입이 넓고, 가장자리가 톱니 모양이다.

날개이끼과는 줄기가 튼튼해서 기물에 약간 서서 자라거나 직립한다. 그래서 식물체의 전체적인 모습을 확실히 확인할 수 있을 때가 많다. 또 복엽이 흔적으로 남은 것도 특징이다.

이 종은 계곡의 습한 바위 위에서 자주 볼 수 있다. 줄기의 기부는 기면서 자라고, 중간에 비스듬하게 위로 자라거나 직립한다. 마루바하네(둥근 잎 날개)라는 일문명처럼 잎의 가장자리가 둥글며, 잎 가장자리에 25~35개의 작은 이빨이 달려 있다.

근연종에는 아기날개이끼가 있다. 아기날개이끼는 잎이 둥글지 않다는 점, 잎의 가장자리에 10개 이하의 큰 이빨이 불규칙하게 나 있다는 점, 잎이 떨어지기 쉬워 줄기만 남은 상태가 되기도 한다는 점 등의 특징이 있다. 하지만, 이 종이 속한 날개이끼과는 생육 환경에 따라 크기나 모양의 변이가 커서 구별이 쉽지 않은 경우가 있다.

메모 날개이끼속은 전 세계에 700종 이상 있어서 선태류 중에서도 규모가 큰 속이다.

태류 날개이끼과

[발견 확률 ★★★]

무성아부채이끼

부채이끼과 ***Radula constricta*** 라둘라 콘스트릭타

식물체는 담녹색~황록색이고, 식물체들이 서로 겹친 형태로 모여 산다. 암수딴그루이다. (6월 오사카부)

생육 장소 저지대의 약간 밝은 곳~반음지의 나무줄기, 바위 위 등

분포 동아시아~히말라야 등

형태·크기 줄기는 길이 1~2cm이다. 배편은 원형이며 가장자리에 무성아가 풍성하게 달린다. 위아래 배편은 서로 겹쳐서 달려 있다. 복편은 작고 방형이다. 복엽은 없다. 암그루의 화피는 주걱 모양이다. 무성아는 접시 모양이다.

부채이끼과 이끼는 포복하며 자라고, 기물에 찰싹 붙어서 군락을 이루는 것이 특징이다. 잎은 2개로 접혀 있고, 큰 배편과 작은 복편, 2갈래로 갈라진다. 복엽은 없다. 한국에는 약 11종이 자생하는 것으로 알려져 있다.

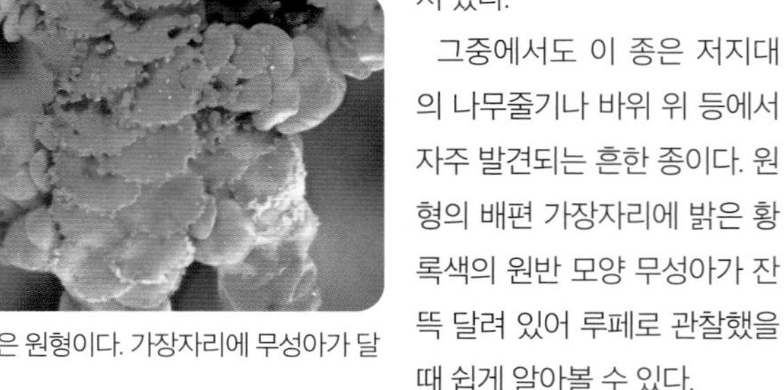

배편은 원형이다. 가장자리에 무성아가 달린다.

그중에서도 이 종은 저지대의 나무줄기나 바위 위 등에서 자주 발견되는 흔한 종이다. 원형의 배편 가장자리에 밝은 황록색의 원반 모양 무성아가 잔뜩 달려 있어 루페로 관찰했을 때 쉽게 알아볼 수 있다.

메모 근연종으로는 부채이끼가 있다. 같은 장소에서 자라고 겉보기에 비슷하지만, 청록색에 무성아가 없다.

털잎이끼

[발견 확률 ★★★]

털잎이끼과 *Ptilidium pulcherrimum* 프틸리디움 풀케리뭄

잎의 각 열편에서 5~10개의 긴 털이 나온다.

화피는 줄기 끝부분에서 나온다. 삭은 달걀 모양이다.

식물체는 황록색이다. 오래된 줄기잎은 갈색으로 변한다. 암수딴그루이다. (9월 홋카이도)

생육 장소 아고산대 이상의 나무줄기나 쓰러진 나무 위

분포 북반구의 냉온대 지역

형태·크기 줄기는 길이 2~3cm이며 불규칙하게 가지를 친다. 잎은 3~4갈래로 깊이 잘려 있고, 각 열편의 가장자리에서 5~10개의 긴 털이 자란다. 암그루의 화피는 방종형이며, 줄기 끝부분에서 나온다.

털잎이끼(털잎이끼과): 잎은 균일하지 않게 3~4갈래로 갈라지며, 각 열편에 5~10개의 긴 털이 자란다.

털가시잎이끼(136쪽, 털가시잎이끼과): 잎은 4갈래로 갈라지며, 그 끝이 가늘게 갈라진 긴 털 모양이다.

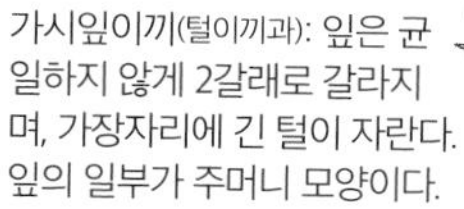

가시잎이끼(털이끼과): 잎은 균일하지 않게 2갈래로 갈라지며, 가장자리에 긴 털이 자란다. 잎의 일부가 주머니 모양이다.

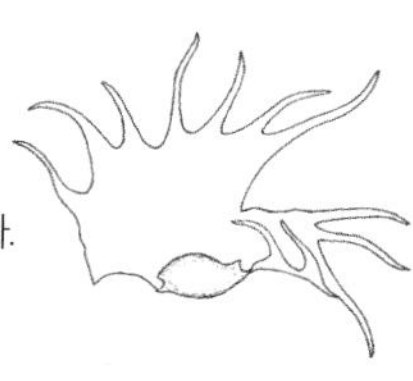

아고산대 이상의 숲에 있는 나무줄기나 쓰러진 나무 위에서 볼 수 있다. 잎은 3~4갈래로 갈라지고, 각 열편의 가장자리에서 긴 털이 나는 것이 특징이다. 부푼 형태의 군락은 털가시잎이끼나 털이끼과와 비슷하지만, 잎 모양은 크게 차이를 보인다.

메모 털잎이끼과의 다른 종으로 새털잎이끼가 있다. 잎 열편 가장자리에 긴 털이 털잎이끼보다 길게 밀집해서 나 있다.

[발견 확률 ★★★]

긴가시세줄이끼

세줄이끼과 *Porella perrottetiana* 포렐라 페롯테티아나

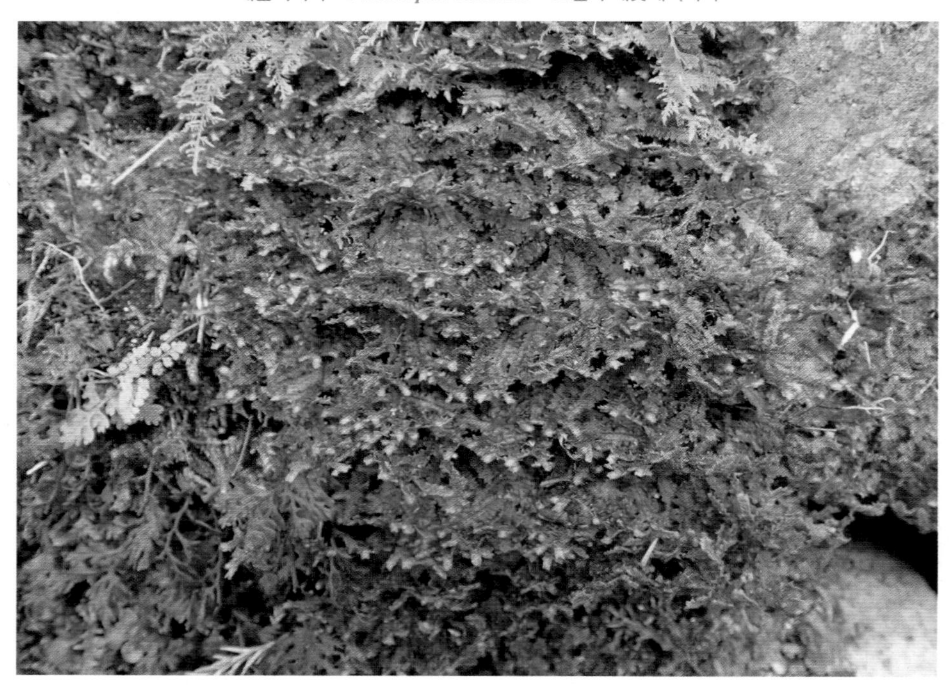

식물체는 녹갈색이다. 습하면 날개를 펼친 듯이 우아하지만, 건조하면 크게 오그라들어 검은빛이 돈다. (3월 미에현)

생육 장소 상록수림대의 나무줄기나 습한 바위 위. 석회암지에서도 자란다.

분포 동아시아~히말라야, 인도

형태·크기 줄기는 길이가 5~10cm이고 규칙적으로 가지가 나뉜다. 배편 앞에 여러 개의 긴 이빨이 있고, 복편과 복엽은 전체에 둘러 긴 털이 나 있다. 암수딴그루이다.

세줄이끼과 이끼의 잎은 큰 배편과 작은 복편 2개로 나뉘어 접혀 있고, 줄기의 복측에는 복엽이 줄 지어 있다. 태류 중에서는 크기가 큰 종이 많다.

식물체의 복면: 잎(측엽)의 배편·복편·복엽에 긴 털이 있다.

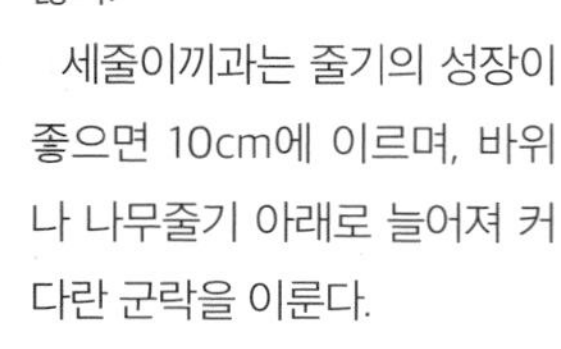

세줄이끼과는 줄기의 성장이 좋으면 10cm에 이르며, 바위나 나무줄기 아래로 늘어져 커다란 군락을 이룬다.

여러 근연종이 있지만, 복편·배편·복엽 모두에 긴 털이 있다는 점이 이 종만의 특징이다.

메모 일문명(쿠라마고케모도키)에 닮은꼴이라는 의미의 '모도키'가 붙은 이유는 작은 양치식물인 비늘이끼(쿠라마고케)와 비슷하게 생겼기 때문이다.

가시세줄이끼

[발견 확률 ★★★]

세줄이끼과 ***Porella vernicosa*** 포렐라 베르니코사

산지대의 바위 위에 붙어 산다. 줄기는 길이 3~5cm 정도이다. 암수딴그루이다. (7월 오사카부)

생육 장소 산지대의 바위 위나 나무줄기

분포 시베리아, 동아시아

형태·크기 줄기는 기면서 자라고, 길이 3~5cm이며 불규칙하게 가지가 갈라진다. 배편은 길이 1.5~2mm이고 타원형이다. 끝부분 가장자리에 이빨이 있고, 끝이 강하게 안쪽으로 말린다. 복편은 혀 모양으로 가장자리에 톱니가 있고, 끝이 강하게 휜다. 복엽은 줄기 폭의 2배이며 톱니가 있다.

산지대의 나무줄기나 바위 위에서 볼 수 있다. 긴가시세줄이끼보다 훨씬 작고, 표면(배면)에 보이는 줄기에 붙은 좌우의 잎(배편) 끝이 안쪽으로 강하게 말려 있어서 식물체가 납작한 끈 모양이다.

습하면 녹색이 강하지만, 건조하면 올리브그린~갈색으로 변하면서 니스를 바른 듯한 광택이 돌고 납작한 끈 모양이 어우러져 신비로운 분위기를 풍긴다. 군락은 마치 작은 뱀이 기어다니는 것처럼 보이기도 한다.

한편, 회에 곁들이는 여뀌의 싹에도 있는 매운 성분인 폴리고디알 때문에 매운맛이 있어서 씹으면 혀가 얼얼하다.

메모 씹은 순간 바로 매운맛이 나지 않고 나중에 스멀스멀 올라온다. 입에 너무 많이 넣으면 후회한다…….

[발견 확률 ★★★]

시다레야스데고케

지네이끼과 ***Frullania moniliata*** 프룰라니아 모닐리아타

잎은 서로 겹쳐 자라며 줄기에 빽빽하게 붙어 있다. 줄기는 아래로 늘어지거나 옆으로 기면서 자라기도 한다. (11월 아오모리현 오이라세계류)

생육 장소 저지대~고산지대의 나무줄기나 바위 위, 절벽
분포 시베리아, 동아시아
형태·크기 줄기는 길이 3~7cm이며 날개 모양으로 가지가 갈라진다. 배편은 길이 0.5~1.3mm이며 난형으로 끝이 뾰족하고 안쪽으로 말린다. 복편은 가늘고 긴 원통형의 주머니 모양이다. 복엽은 끝이 2갈래로 찢어져 있다.

지네이끼과 이끼는 겉모습은 세줄이끼과와 비슷한 듯하지만, 복편이 주머니 모양이라는 특징이 있다. 건조에 특히 강한 친구들이 많다.

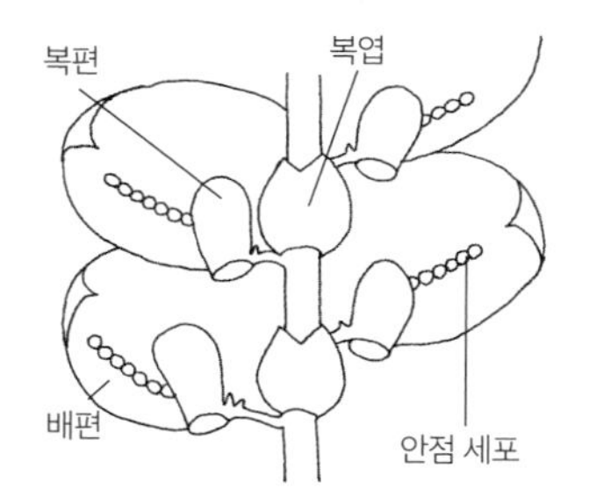

식물체의 복면: 복편은 주머니 모양이라서 물을 저장할 수 있다.

이 종은 일본 전역에 널리 분포하며, 나무줄기나 바위 위에서 아래로 늘어지듯 자란다. 색은 회녹색~적갈색으로 개체에 따라 차이가 있지만, 복편의 연결 부분에서 잎끝 방향으로 안점 세포라고 불리는 붉은색이 점점이 1열로 줄 지어 있는 것이 큰 특징이다. 암수딴그루이다.

메모 유럽에 사는 근연종은 만지면 알레르기 반응이 일어나는 독성이 있다. 일본 내에 자생하는 종 중에도 드물게 알레르기 반응이 있는 것이 있다.

들참지네이끼

[발견 확률 ★★★]

지네이끼과 ***Frullania muscicola*** 프룰라니아 무스키콜라

삭이 펼쳐진 군락이다. 광택이 있고, 습하면 녹색~올리브그린으로 변한다. 건조에도 강하다. (4월 도쿄도)

생육 장소 저지대의 나무줄기, 바위 위

분포 사할린, 동아시아~히말라야

형태·크기 줄기는 기면서 자라며, 길이 1~2cm로 불규칙하게 가지가 갈라진다. 배편은 길이 0.5~0.8mm이고 난형이다. 복편은 헬멧 모양이다. 복엽은 혀 모양일 때도 많다. 화피에는 3~5개의 세로 주름이 있다.

저지대~저산지대의 나무줄기에서 흔히 발견된다. 시다레야스데고케처럼 아래로 늘어지지 않고, 나무줄기에 딱 달라붙은 채로 불규칙하게 가지를 뻗어 기면서 퍼져 간다. 건조하면 적갈색~흑색을 띤다. 그래서 나무 표면이 하얗다면 눈에 띄지만, 갈색이면 색이 비슷해서 놓치기 쉽다.

암수딴그루이고 봄에 포자체가 자란다. 삭이 펼쳐지면 오렌지색의 꽃 같아 매우 사랑스럽다.

건조 시에는 적갈색으로 변해 기물에 밀착한다.

메모 흔한 종이지만 개체 변이가 커서 지네이끼과 친구들은 닮은꼴이 많고 근연종과의 구별이 어렵다.

[발견 확률 ★★★]

둥근귀이끼

작은귀이끼과 *Trocholejeunea sandvicensis* 트로콜르제네아 산드비켄시스

검은 공은 삭이고, 꽃처럼 보이는 것은 삭이 펼쳐진 것이다. 세로줄이 있는 녹색의 것은 삭을 감싼 화피이다. (6월 가나가와현)

생육 장소 저지대의 반음지 바위 위, 돌담, 나무줄기

분포 동아시아~동남아시아, 태평양제도

형태·크기 줄기는 기면서 자라며, 길이 1~2cm에 불규칙적으로 가지가 갈라진다. 배편은 길이 1~1.3mm에 난형이고 빽빽하게 겹쳐 자라며 습하면 줄기에 거의 수직으로 일어난다. 화피에는 10개의 줄이 그어져 있다. 암수한그루이다.

작은귀이끼과는 태류 중 가장 큰 그룹으로 한국에는 약 36종이 알려져 있다. 대부분 크기가 작고 온난한 지방에 분포하는 종이 많다.

이 종은 특히 저지대에서 자주 발견되며 인가 주변에서도 흔하게 볼 수 있다. 건조에도 비교적 강하다. 건조하면 잎의 색이 빠지고 줄기에 달라붙지만, 습하면 바로 잎은 줄기에 거의 수직으로 일어나 입체적인 모양이 되고 색은 옅은 녹색~황록색으로 되살아난다.

건조하면 납작해지고 색이 바래지만, 습해지면 외관이 전혀 달라진다.

메모 일문명(후루노코)은 잎이 습윤할 때 수직으로 줄기에 일어난 모습을 오래된(후루) 톱의 톱니(노코)에 비유한 것이다.

가비고케

[발견 확률 ★★★]

작은귀이끼과 *Leptolejeunea elliptica* 렙톨제네아 엘립티카

어디까지나 잎 위에 올라타 있을 뿐 숙주에는 아무런 해도 끼치지 않는다. (3월 미에현)

생육 장소 온난한 지역의 공중 습도가 높은 계곡에서 자라난 상록수나 양치식물 잎사귀 위. 금속 간판이나 가드레일 등의 인공물에 붙어 살기도 한다.
분포 아열대·열대 지역
형태·크기 줄기의 길이는 5~10mm이고 가지가 불규칙적으로 갈라진다. 배편은 긴 타원형이고 길이는 약 0.4mm이다.

식물의 잎에 달라붙어서 일생을 보내는 엽상태류 중 한 종이다. 옅은 녹색~밝은 황록색이며, 암수한그루이다. 무성아는 없지만, 자주 가지가 떨어져 무성아처럼 번식한다. 일본의 「환경성 레드리스트」에서 준멸종위기종으로 분류되어 있다.

계곡 옆에서 자라는 상록수의 잎사귀 위에 모여 사는 가비고케

'가비'는 곰팡이를 뜻한다. 이름에 곰팡이가 들어가는 만큼 이 이끼의 주변을 지나면 코를 찌르는 듯한 화한 냄새가 나서 이끼 애호가들은 눈보다는 코로 찾는다. 이 냄새에는 항균 작용이 있어서 실제로는 진짜 곰팡이로부터 몸을 보호한다.

메모 곰팡내가 아니라 박하 냄새라는 사람도 있는데, 개인적으로는 워시치즈 향에 가장 가깝다고 생각한다.

세모귀이끼

[발견 확률 ★★★]

작은귀이끼과 *Cololejeunea japonica* 콜로제네아 야포니카

배편은 서로 겹쳐 자란다.
(촬영: 사키야마 슈쿠이치)

작지만 습기를 머금으면 잎의 존재감이 두드러진다. 움푹 팬 나무줄기에 군락을 만든다.
(1월 도쿄도)

생육 장소 저지대의 나무줄기. 돌에서도 자주 발견된다.
분포 한반도, 중국, 일본
형태·크기 줄기는 기면서 자라고 길이 3~5mm에 가지가 불규칙하게 갈라진다. 배편은 길이 약 0.5mm이고 난형이다. 복편은 주머니·삼각형·혀 모양으로 다양하다. 복엽은 없다. 배편에 납작한 구슬 모양의 무성아가 달린다.

옅은 녹색이며, 저지대의 나무줄기에서 자란다. 도심에서도 흔하게 볼 수 있는 도심 이끼 중 한 종이다. 그렇지만 식물체가 길이 3~5mm, 폭 약 1mm 정도로 상당히 작아서 도심에서 볼 수 있는 다른 태류와 비교했을 때 존재감이 압도적으로 희미하다.

건조 시에는 조류처럼 보인다.

불규칙하게 뻗은 가지에는 잎이 빽빽하게 겹쳐서 나고, 개체 위나 다른 개체가 덮이고 덮여 층층이 군락을 만든다. 그래서 특히 건조한 상태일 때는 어디가 가지이고 잎인지 구별하기 어렵다. 분무기로 물을 뿌려 습윤한 상태로 만들어 관찰하는 방법을 추천한다. 암수한그루이다.

메모 이 종의 친구 중에는 큰 식물 잎 위에 붙어 일생을 보내는 '엽상(요죠)태류'가 많다.

기비노당고고케

[발견 확률 ★★★]

스파에로카르파과 ***Sphaerocarpos donnellii*** 스파에로카르포스 도넬리이

암그루의 포막이 찢어지면 동그란 포자체가 나타난다.

수그루로, 플라스크 모양의 포막이 모여 있다. 성숙하면 적자색으로 변한다.

논의 점토질 흙 위에 둥근이끼과 친구들(182쪽) 등과 섞여서 난다. (1월 오카야마현)

생육 장소 논밭의 해가 잘 드는 점토질 흙 위

분포 북미 지역

형태·크기 로제트의 지름은 3~20mm이다. 식물체는 담녹색~황록색이며, 가장자리가 잘려 있다. 수그루의 포막은 적갈색에 플라스크 모양이고, 암그루의 포막은 황록색의 경단 모양이다. 둘 다 식물체의 중앙부에 여러 줄로 줄 지어 있다. 포자체는 포막 안에서 성숙한다. 암수딴그루이다.

원래는 북미 지역에 자생하는 태류로, 미국에서는 밭 주변에 자주 보이는 흔한 종이다. 그런 종이 2009년 일본 오카야마현 오카야마시 시가지에 있는 논에서 처음으로 발견되었다.

물이 빠진 논에 겨울이 되면 나타나 한겨울에 포자를 뿌린다. 건조에 약하며, 늦어도 늦봄에는 시드는 1년살이 이끼다.

황록색이 암그루이고, 적갈색이 수그루이다.

암그루의 생식기관을 감싸는 포막이 머리 부분에 구멍이 뚫린 경단(당고) 모양인데, 여기에 오카야마현(옛 지명이 기비)에서 발견되었다 하여 일문명이 지어졌다.

메모 세계적으로는 식물 중에 처음으로 성염색체가 확인된 종으로 알려져 있다.

고마치고케

[발견 확률 ★★★]

하플로미트리아과 *Haplomitrium mnioides* 하플로미트리움 므니오이데스

포자체가 없을 때의 암그루

봄에 포자체가 자란다. 식물체는 옅은 녹색~회녹색이다. 온난한 지방에 많다. (4월 미에현)

생육 장소 저지대~산지대의 그늘진 계곡 옆이나 폭포 주변에 있는 습한 지면, 바위 위, 쓰러진 나무 등

분포 동아시아

형태·크기 줄기는 땅속줄기라 기면서 자라고 땅위줄기가 길이 2cm 정도 위로 자란다. 3열의 잎이 달린다. 헛뿌리가 없다. 암수딴그루이다.

모양이 확실한 잎이 있어서 선류와 헷갈리기 쉽지만, 태류이다. 두껍고 부드러워서 다육식물 같기도 하다. 습한 음지를 좋아하며, 계곡이나 폭포 주변의 습한 바위벽이나 바위 위, 숲속 경사면이나 쓰러진 나무 등에서 자란다. 조란기나 조정기에 아무것도 덮여 있지 않고, 헛뿌리가 없는 등 이끼로서는 예외적인 특징을 가지고 있어서 원시적 구조를 갖춘 이끼라고 보고 있다.

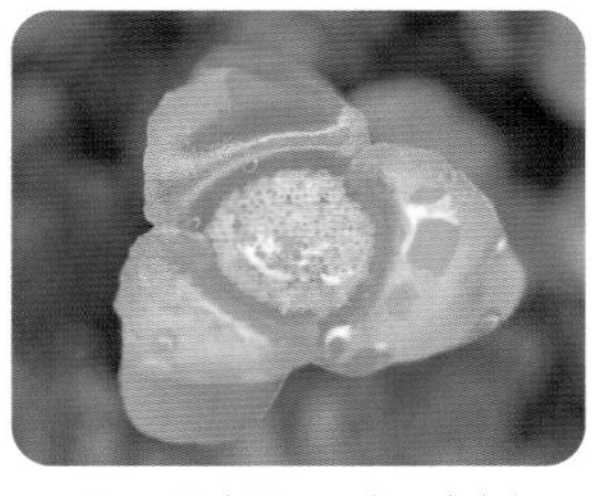

수그루고, 줄기 끝부분에 조정기가 모여 생긴 웅화반이 꽃처럼 보인다.

메모 가련하고 아름다운 외견 때문에, 절세 미녀로 유명한 헤이안 시대 여류 가인 오노노 고마치의 이름이 붙었다.

가는물우산대이끼

[발견 확률 ★★★]

물우산대이끼과 *Apopellia endiviifolia*(*Pellia endiviifolia*) 아포펠리아 엔디비이폴리아(펠리아 엔디비이폴리아)

선단에 무성아가 달려 있는 군락이다. 엽상체는 녹색~농녹색이다. (10월 도쿄도)

생육 장소 저지대~산지대의 그늘지고 습한 지면이나 물가
분포 북반구
형태·크기 엽상체는 길이 2~5cm, 폭 5~10mm이고, 종종 적자색을 띤다. 늦가을~겨울에 엽상체 끝에 프릴 모양의 무성아가 달린다. 암수딴그루이다.

백록색으로 보이는 것이 암그루의 포막이다. 원통형이며 끝이 톱니 모양이다. 작은 알갱이들을 붙인 엽상체는 수그루로 알 속에는 조정기가 들어 있다.

이른 봄에 포자체가 자란다. 삭병은 길고 삭은 구형인데, 며칠 내로 시든다.

주로 습한 흙 위에 모여 사는데, 물가에서 물에 잠겨 있는 군락도 있다. 엽상체는 서로 겹쳐 자라고, 선단만 약간 위로 일어나 자란다. 늦가을~겨울에 걸쳐서 엽상체의 끝이 가늘게 찢어져 프릴 모양의 무성아가 달린 모습으로 바뀌므로 발견하기 매우 쉽다.

메모 흙 위에 자란 것은 마키노우산대이끼와 헷갈리지만, 헛뿌리가 이 종은 옅은 갈색인 데 비해 마키노우산대이끼는 선명한 다갈색이다. 또 삭의 모양도 각각 구형, 긴 타원형으로 차이가 있다.

마키노우산대이끼

[발견 확률 ★★★]

마키노우산대이끼과 *Makinoa crispata* 마키노아 크리스파타

엽상체만 있을 때는 평범하지만, 초봄에 포자체가 자란 모습은 매우 아름답다. 암수딴그루이다. (2월 미야자키현)

생육 장소 저지대~산지대의 그늘지고 젖은 흙 위나 바위 위. 쓰러진 나무에서도 자라며, 계곡에 많다.

분포 동아시아~동남아시아

형태·크기 엽상체는 길이 5~8cm, 폭 1~1.5cm이다. 헛뿌리는 갈색으로 엽상체의 복면 중앙부에 빼곡하게 자란다. 조란기는 엽상체의 배면 중륵맥 위에 생기고, 조정기는 엽상체의 배면에 움푹 팬 곳에 생긴다.

갈색 솜 같은 것이 탄사이다.

암그루의 조란기는 주머니 모양의 자포막으로 덮여 있다.

대형 이끼로 저지대~산지대의 그늘지고 습한 땅 위나 바위 위에서 자란다. 엽상체는 불투명한 어두운 녹색에 얇은 질감이다. 끝이 2갈래로 가지를 치고, 가장자리는 약간 주름진다. 포자체는 초봄~봄에 성숙한다. 속이 비칠 듯이 하얀 삭병이 급속하게 자라고, 그 끝에 타원형의 삭이 달린 모습은 성냥 모양이 떠오른다.

메모 마키노우산대이끼과 이끼는 이 종 1종뿐이며, 이름과 학명은 식물학자인 마키노 도미타로 박사를 기리기 위해 지어졌다.

다시마이끼

[발견 확률 ★★★]

다시마이끼과 ***Pallavicinia subciliata*** 파라비키니아 스브킬리아타

초봄에 포자를 날린다.
삭은 2~4갈래로 갈린다.

삭병은 반투명하며, 삭은 검고 원주형이다. 암수딴그루이다. (3월 미에현)

생육 장소 저지대 계곡의 해가 잘 드는 험한 경사면의 흙 위나 바위 위, 쓰러진 나무. 물이 고이는 장소도 좋아한다.

분포 동아시아

형태·크기 엽상체는 옅은 녹색~녹색이며, 길이 3~6cm, 폭은 약 5mm이다. 때로 2갈래로 가지를 친다. 엽상체의 중앙에 또렷한 중륵맥이 있다. 수그루의 포막은 중륵맥의 좌우 2열로 줄지어 생긴다.

계곡의 경사면을 향해 자라며, 서로 겹치듯 기면서 자란다. 엽상체의 끝은 종종 끝으로 갈수록 가늘어져서 중륵맥만 남은 상태가 된다. 이것이 지표면에 닿으면 복면에서 많은 헛뿌리가 나오거나 새로운 엽상체가 자란다. 포자체는 엽상체의 중간부터 자라나서 중륵맥의 바로 위에 달린다.

근연종은 구모노스고케도모키(*Pallavicinia ambigua*)이다. 지바현 이서 지역~오키나와에 분포하며 다시마이끼보다 작고 촘촘하게 가지를 친다. 선단이 점점 가늘어지지 않는 것이 특징이다. 다만, 다시마이끼가 환경에 따라 변이가 커서 둘 다 구분하기가 상당히 어렵다.

메모 다른 근연종에 산다시마이끼가 있다. 중륵맥 위에 여러 개로 줄 지은 수포막을 발견하면 확실하게 구별할 수 있다.

[발견 확률 ★★★]

엷은잎우산대이끼

엷은잎우산대이끼과 ***Blasia pusilla*** 블라시아 푸실라

호리병 모양의 무성아기

엽상체의 끝에 달린 별 모양의 무성아

수그루의 식물체이다. 중륵맥 위에 있는 알 속에 조정기가 있다. (9월 홋카이도)

생육 장소 저지대~저산지대의 그늘지고 습한 지면, 제방 등
분포 북반구의 온대 지역
형태·크기 엽상체는 길이 1~3cm, 폭 3~5mm이며, 그 끝이 2갈래로 가지를 치고, 가장자리는 반원형이 연속해 주름져 있다. 엽상체의 가장자리 근처에는 공생 중인 남조류의 정복 흔적이 점점이 흩어져 있다. 무성아는 2종류다.

엽상체 속에 남조류가 공생하는 특이한 태류이다. 저지대~저산지대의 영양분이 적고 습한 지면에서 발견된다. 양분이 적은 붕괴된 땅에 많이 산다. 루페로 관찰하면, 옅은 녹색의 속이 비칠 듯이 얇은 엽상체에 까만 점이 점점이 붙어 있는 것을 볼 수 있다. 이는 공생하는 남조류가 정복한 흔적이다.

까만 점은 남조류가 정복한 부분이다.

또한 엽상체에 2종류의 무성아가 달린다. 하나는 구형으로 엽상체 끝에 있는 호리병 모양의 무성아기에 들어 있고, 다른 하나는 별 모양의 알갱이로 엽상체 가장자리에 달린다. 암수딴그루이다.

메모 가는물우산대이끼와 생김새가 비슷한데, 엽상체의 색깔이 가는물우산대이끼보다 연하다.

초록우산대이끼과 친구들

초록우산대이끼과 ***Aneuraceae*** 아네우라시

시로텐구사고케(*glauca Furuki*). 화강암 위에서 자란다.

미야케텐구사고케(*Riccardia miyakeana Schiffn*). 숲 바닥에 쓰러진 나무에서 자란다.

기텐구사고케(*Riccardia flavovirens*). 초봄에 포자체가 자란다.

가네마루텐구사고케(*Riccardia crassa*). 야쿠시마와 오키나와에 분포한다.

초록우산대이끼과 이끼는 엽상체 타입의 태류로, 한국에는 약 7종이 알려져 있다. 이 페이지에 소개하는 이끼들은 일본에서 볼 수 있는 초록우산대이끼과 이끼이다. 엽상체의 길이가 5cm에 이르는 대형부터 1cm 전후의 소형까지 크기는 제각각이지만, 기본적으로 어느 종이든 습한 장소를 좋아하여 계곡 옆의 습한 바위 위나 물가, 습윤한 숲 바닥에 쓰러진 나무 등에서 자란다. 기물에 착 달라붙은 모습은 왠지 돌김 같아 보이기도 한다. 실제로 가지 치는 모습이 해조류인 우뭇가사리(덴구사)와 비슷해서 일문명이 'ㅇㅇ텐구사고케'인 종도 많다.

초록우산대이끼과 중 초록우산대이끼속의 엽상체는 길게는 수 cm에 이르며 폭은 최대 3mm 이하인 소형이다. 게다가 모든 종이 너무 비슷하고 변이의 폭도 크다는 점에서 전문가여도 현미경을 사용해 세포를 관찰하지 않으면 구별하기 어렵다. 구별하기 전에 이 이끼들을 이끼로 인식하지 못하고, 현장에서 지나치는 경우가 자주 있다.

쌍갈고리이끼(태류) 마루바츠가고케(선류) 우츠쿠시하네고케(태류)

COLUMN

이끼 지식 ❹

이끼의 천국, 야쿠시마

이끼를 좋아한다면 누구나 한 번쯤은 방문하고 싶어 하는 동경의 땅, 야쿠시마. 해발 1,936m의 규슈 최고봉인 미야노우마다케산을 품고 있어 아열대·난대·아한대 식물이 수직 분포한다는 세계적으로도 보기 드문 섬이다. 그래서 이끼도 북방계부터 남방계까지 약 700종이 자란다. 희귀종도 다양하다.

또한, 난류인 흑조류 위에 있어서 따듯하고 습한 바람이 바다에서 건너와 산을 뒤덮어 구름으로 변해 섬에 많은 양의 비를 뿌린다. 특히 해발 700~1,300m에 자리한 숲은 구름이나 안개가 끼기 쉽다. 항상 공중 습도가 높아서 이끼는 수중생활을 했던 태곳적처럼 쑥쑥 자란다. 마치 이끼의 천국과도 같은, 이끼가 환경의 주인공이 되는 선태림이다.

참고로 야쿠시마의 이끼는 동종 개체보다 크게 자란다는 재밌는 경향이 있다.

히로하히노키고케(선류) 히무로고케(선류) 다카사고사가리고케(선류)

◆ 야쿠시마고케(태류)　포리무치고케(태류)　큰벼슬이끼(태류)

야쿠시마의 숲을 물들인 이끼들

◆ 표시는 일본에서는 야쿠시마에서만 자라는 희귀종

야마토후데고케(선류)　◆ 야쿠시마미즈고케모도키(태류)　야쿠시마호오고케(선류)

미진코고케(태류)　◆ 석송이끼(선류)　작은흰털이끼(선류)

리본이끼

[발견 확률 ★★★]

리본이끼과 ***Metzgeria lindbergii*** 메츠게리아 린도베르기이

식물체는 습하면 황록색~옅은 녹색으로 변하고, 건조하면 흰색을 띤다. 암수한그루이다. (4월 효고현)

생육 장소 저지대~산지대의 나무줄기나 바위 위

분포 동아시아~동남아시아, 히말라야 등

형태·크기 엽상체는 길이 1~2cm, 폭 약 0.7~1.2mm 정도이며, 복면에는 털이 흩어져 자란다. 복면의 중륵맥 부분에 암수 생식기관이 달려 있다. 무성아는 없다.

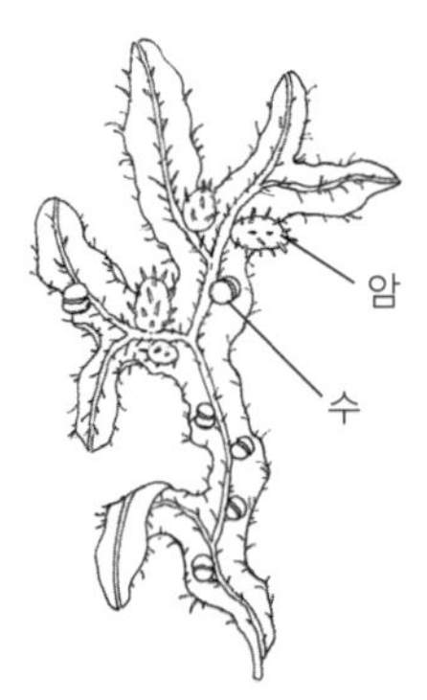

엽상체의 복면

저지대~산지대의 나무줄기나 바위 위에서 볼 수 있다. 언뜻 바짝 마른 해조류 같기도 하지만, 엽상체의 이면(복면)에 볼거리가 있다. 암수한그루이므로 한 개의 중륵맥 부분에 암수 양쪽의 생식기관이 달리며, 웅기는 반구 모양의 포막에 싸여 수축된 모습이다. 한편 수정된 자기에서는 털이 자라 곤봉 모양의 내피막(포자체를 보호하는 주머니 모양의 기관)이 길게 뻗어 엽상체 배면에 얼굴을 내미는데, 그 모습이 기운차다. 작지만 웅기와 자기의 대비가 재밌는 이끼다.

메모 근연종으로 무성아리본이끼가 있다. 엽상체의 끝이 가늘고 가장자리에 많은 무성아가 달린다. 암수딴그루이다.

미카즈키네니고케

[발견 확률 ★★★]

루눌라리과 *Lunularia cruciata* 루눌라리아 크루키아타

포자체. 자기상은 십자 모양이다.
(촬영: 아카시 하지메)

추위에는 약하나, 겨울에도 건조하지 않고 얼지 않는 곳이라면 월동할 수 있다. 암수딴그루이다. (10월 도쿄도)

생육 장소 길거리의 나지, 도로 옆, 민가의 정원, 사찰이나 정원의 흙 위, 교정 구석 등
분포 동아시아, 호주, 유럽, 북미 등
형태·크기 엽상체는 길이 2~4cm, 폭 5~10mm이다. 무성아기 안에 렌틸콩 모양의 무성아가 있다.

이끼로서는 드문 귀화식물로, 원산지는 지중해 연안이다. 엽상체의 끝에 달린 초승달~반달 모양의 무성아기가 가장 큰 특징이라 다른 엽상체 태류와 쉽게 구별할 수 있다. 약간 광택이 도는 청록색~옅은 녹색이다.

1923년에 처음 일본에서 발견된 이래로 포자체를 거의 볼 수 없었는데, 1990년대 이후 효고현과 히로시마현에서 포자체를 볼 수 있다. 자기탁과 웅기탁이 성숙하는 시기는 4~5월쯤이고, 포자체를 방출하는 시기는 7월쯤이다.

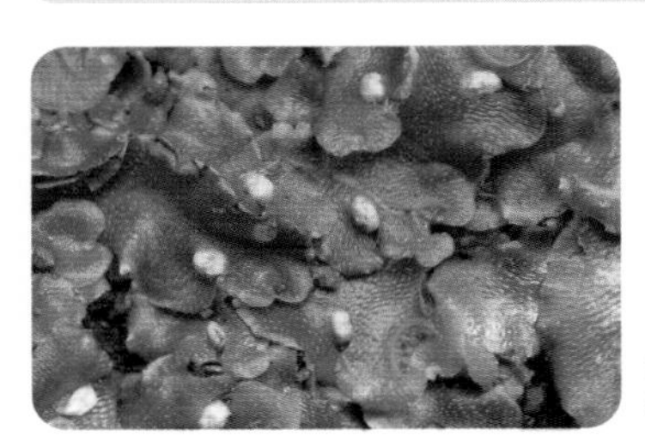
하얀 접시 모양이 자기탁,
검은 접시 모양이 웅기탁이다.

메모 삭이 붙은 모습은 좀처럼 볼 수 없지만, 자기탁과 웅기탁은 집요하게 찾으면 가끔 만날 수 있다.

[발견 확률 ★★★]

오자고케

패랭이우산이끼과 ***Conocephalum orientalis*** 코노케팔룸 오리엔탈리스

수그루의 웅기탁. 타원형이며 자루는 자라지 않는다. 윗면에 작은 구멍이 있는데, 거기서 정자를 품은 안개 같은 물방울을 힘차게 공중에 분출한다.

초봄 암그루의 자기탁. 자루가 자라기 시작한 모습이다.

봄에 삭이 성숙하자 입상체 끝에는 하트 모양을 닮은 새싹이 난다. (4월 미에현)

생육 장소 저지대~산지대의 음지~반음지 흙 위나 습한 바위 위, 절벽. 도심의 도로나 정원에서도 자란다.

분포 일본, 대만

형태·크기 엽상체는 길이 3~15cm, 폭 1~2cm이며, 종종 빨간색을 띤다. 포자는 갈색이다.

패랭이우산이끼속 이끼는 짙은 녹색~녹색이며, 엽상체의 표면(배면)에 뱀 비늘 같은 무늬가 있다. 암수딴그루이다. 봄이 되면 암그루의 자기탁의 자루가 매우 빠르게 자라 포자를 날린다. 한편 수그루도 타원형의 웅기탁이 다음 번식을 위해 성숙하기 시작한다. 또한, 암수 모두 엽상체 끝에 파릇파릇한 녹색의 새싹이 나오기 때문에 봄이 가장 관찰하는 재미가 있는 계절이다.

지금까지 패랭이우산이끼속은 세계에 1종만 있다고 여겨졌는데, 지금은 적어도 세계에 6종이 있다고 판명되었다. 일본에는 숲의 나무들이 발산하는 피톤치드 같은 상쾌한 향이 나는 이 종, 코를 찌르는 송이버섯 냄새가 나는 마츠타케자고케(*Conocephalum toyotae*), 향이 거의 나지 않고 엽상체 표면에 광택이 없는 다카오자고케(*Conocephalum salebrosum*)를 포함해서 4종이 분포한다.

메모 다카오자고케는 석회암 지대에서 자주 발견된다.

아기패랭이우산이끼

[발견 확률 ★★★]

패랭이우산이끼과 *Conocephalum japonicum* 코노케팔룸 야포니쿰

수그루. 웅기탁은 가늘고 긴 타원형이며 자루는 자라지 않는다.

무성아가 달린 것이 패랭이우산이끼속과 가장 큰 차이이다.

봄부터 초가을까지 엽상체는 옅은 녹색으로 부드러운 느낌을 준다. 암수딴그루이다. (7월 가나가와현)

생육 장소　저지대~산지대 음지~반음지의 습한 흙 위나 바위 위. 습하면 도심의 정원이나 공원에서도 자란다.

분포　동아시아

형태·크기　엽상체는 길이 1~3cm, 폭 2~3mm이며, 늦가을~봄에 적자색을 띤다. 또 늦가을에 엽상체 가장자리에 무성아가 달린다. 포자는 갈색이다.

패랭이우산이끼속과 같이 뱀 비늘 같은 모양이지만, 조금 더 작고 초록의 색 조합이 아름답다. 추위가 심한 지역에서는 겨울이 되면 시들기 때문에 늦가을이 되면 엽상체 가장자리에 무성아가 많이 달려서 활발하게 번식한다.

암그루. 이른 봄 엽상체에서 암기탁이 자라기 시작한다.

그런 다음, 엽상체는 적자색을 띠며 붉게 물들어 시들어 가지만, 그 끝에 있는 새로운 암기탁은 생장을 계속한다. 그리고 이른 봄이 되면 자루가 빠르게 자라 포자를 날려 유종의 미를 장식한다.

메모　이 종의 무성아는 엽상체 끝이 변형되어 만들어지므로 개체에 따라 크기 차이가 크다.

[발견 확률 ★★★]

털우산이끼

털우산이끼과 *Dumortiera hirsuta* 두모르티에라 히르스타

삭이 갈라진 상태

건조할 때는 하얀 거북이 등 모양의 줄이 보인다.

자기상은 원반 모양이며, 웅기상은 도넛 모양이다. (10월 도쿄도)

생육 장소　저지대~산지대의 그늘지고 젖은 흙 위나 바위 위, 물이 떨어지는 바위 밭이나 물이 많은 곳. 석회암 지대에서도 자란다.

분포　세계 각지

형태·크기　엽상체는 길이 3~15cm, 폭 1~2cm이며, 전체적으로 하얀 균열이 있다. 수기탁과 웅기탁의 머리 부분 표면이 털로 덮여 있다. 암수한그루이며, 포자는 다갈색이다.

어두운 녹색~옅은 녹색이며 벨벳 같은 광택과 질감이 있다. 자기탁과 웅기탁은 엽상체 끝에 달린다. 자기상과 웅기상은 털로 뒤덮여 있다는 특징이 있다. 건조할 때 엽상체의 표면(배면)에 하얀 거북이 등껍질 모양의 줄기가 보이는 것도 이 종만의 특징이다. 습한 곳을 좋아하고, 저지대의 정원, 계곡 근처 젖은 바위 위나 물에 잠긴 장소, 석회암 지대 등 광범위한 곳에서 자란다. 삭은 다른 엽상체의 태류보다 약간 느린 늦봄~초여름에 성숙한다.

물에 완전히 젖은 군락

메모　이 종은 배수성(보유한 염색체의 세트 수)이 다른 아종이 여러 개 있는데, 각각 세부 형태나 생육 환경이 다르다.

방울우산이끼

[발견 확률 ★★★]

방울우산이끼과 *Wiesnerella denudata* 위스네렐라 데누다타

자기탁이 생긴 군락이다. 우산 안쪽에 성숙 직전의 검은 삭이 비쳐 보인다. 암수한그루이다. (4월 미에현)

생육 장소 산지대의 음지~반음지의 젖은 흙 위나 바위 위. 계곡 옆이나 주변에서도 자란다.
분포 동아시아~동남아시아, 히말라야, 하와이
형태·크기 엽상체 크기는 길이 1~5cm, 폭 5~10mm이다. 복인편은 2줄로 붙는다. 자기탁은 엽상체의 끝에 달리고, 자루는 길이 약 3cm에 우산의 머리 부분은 5~7갈래로 갈라진다. 웅기탁은 엽상체의 끝 또는 자기탁의 바로 위에 달린다. 자루는 없으며, 접시 모양으로 부푼다. 포자는 흑갈색이다.

엽상체는 납작하고 부드러우며 광택이 도는 밝고 옅은 녹색으로 아름다운 분위기를 자아낸다.

자기상은 볼록하게 두꺼운 우산 모양으로 김삿갓우산이끼(176쪽)와 약간 비슷하다. 하지만 이 종은 김삿갓우산이끼처럼 엽상체 가장자리나 복면이 적자색으로 변하지 않는다. 또 우산이끼과 이끼 같은 무성아기도 없다. 게다가 생육 환경의 여러 시점에 따라 다른 엽상체 타입의 태류와 구별할 수 있다. 따듯한 지역에서 많이 자란다.

메모 일문명에는 일본 동부 지방을 가리키는 '아즈마'가 들어가지만, 동일본보다 오히려 서일본에서 자주 발견된다.

김삿갓우산이끼

[발견 확률 ★★★]

삿갓우산이끼과 ***Reboulia hemisphaerica* subsp. *orientalis*** 레보울리아 헤미스파데리카 오리엔탈리스

성숙한 삭이 자기상에 달려 있다.

웅기탁은 자루가 없고 타원형이다.

자기탁의 우산 모양이 전투모와 닮았다. 암수한그루이다. (4월 효고현)

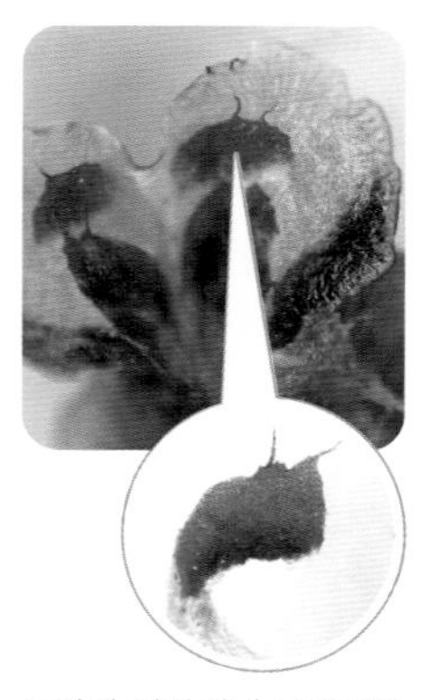

복면에 적자색의 복인편이 있다. 끝에 곤충의 더듬이 같은 2개의 바늘 모양 부속물이 있다.

생육 장소 저지대 반음지의 약간 젖은 흙 위나 바위 위. 길거리 나무 안 등에서도 자주 발견된다.

분포 동아시아

형태·크기 엽상체는 길이 1~4cm, 폭 5~7mm이며, 가장자리, 복면, 복인편은 적자색이다. 자기탁은 엽상체의 끝에 달리고, 머리 부분은 전투모 모양에 3~5갈래로 얕게 갈라진다. 웅기탁은 엽상체의 끝에 달리며 자루는 없고 타원형이다. 포자는 황갈색이다.

주로 저지대에 분포하고 길가의 돌담, 정원이나 공원의 나무 등 길거리에서 흔하게 볼 수 있다. 엽상체의 표면(배면)은 녹색이지만, 가장자리와 이면(복면)은 적자색을 띠는 것이 특징이다. 봄에는 자기탁에서 자루가 자라 우산 아래에 크고 검은 삭이 얼굴을 슬쩍 내민다. 무성아기는 없다.

자기탁이 없을 때는 두깃우산이끼(179쪽)로 착각하기 쉽지만, 무성아기의 유무, 웅기탁의 모양, 복인편의 부속물 모양으로 구별할 수 있다.

메모 자기상의 우산 홈은 삭이 만들어진 수에 따라 달라지고, 눈이 큰 외계인 같아 보일 때도 있다.

털투구우산이끼

[발견 확률 ★★★]

샷갓우산이끼과 ***Mannia fragrans*** 만니아 프라그란스

자기상은 반구형이며 가장자리가 2~4갈래로 갈라진다. 포자는 흑갈색이다. (촬영: 나카지마 히로미쓰)

엽상체 끝을 하얀 털 같은 복인편의 부속물이 뒤덮었다. 암수한그루이다. (10월 도쿄도)

생육 장소 저지대~산지대. 도로 옆 돌담, 사찰 경내나 인가의 정원, 논밭, 정원수 등
분포 북반구의 북부 지역
형태·크기 엽상체는 길이 1~2cm, 폭 2~3mm이며, 로제트 모양이다. 복인편의 부속물은 1~2개이며 바늘 모양으로 자라 드문드문 엽상체의 배면 쪽으로 나온다. 자기탁의 자루는 짧고, 자기상은 반구 모양이다. 웅기탁은 자루가 없고 접시 모양이다. 무성아는 없다.

엽상체는 백록색이고 가장자리는 적자색을 띤다. 김삿갓우산이끼와 닮았지만, 이 종은 이면(복면)에 있는 복인편의 하얀 바늘 모양 부속물이 드문드문 엽상체에서 표면(배면)으로 비어져 나와 엽상체의 표면 끝을 뒤덮는 것이 큰 특징이다.

다년생이지만, 기후나 입지 조건에 따라 1년 만에 시드는 경우도 많다.

자루가 자라기 전 어린 자기탁

메모 일문명(미야코제니)의 미야코는 도쿄를 가리킨다. 도쿄 도심에서 최초 발견되어서 붙은 이름이다.

제니고케

[발견 확률 ★★★]

우산이끼과 ***Marchantia polymorpha* subsp. *ruderalis*** 마르샨티아 폴리모르파 루데랄리스

암그루. 삭이 갈라져 있다.

수그루의 웅기탁

비록 미움을 받아도, 사람이 사는 곳을 좋아하기 때문에 야생에서는 거의 볼 수 없다. (12월 도쿄도)

생육 장소 저지대 반음지의 젖은 흙 위나 도로 옆. 영양이 풍부한 지면을 좋아해서 정원, 화단, 밭 등에서도 자란다. 모닥불을 지폈던 자리에서도 자주 발견된다.
분포 세계 각지
형태·크기 엽상체는 녹색~회녹색이며, 길이 3~10cm, 폭 7~15mm이고 가장자리는 주름져 있다. 복인편은 투명하고 6줄로 줄 지어 있다. 포자는 황색이며, 암수딴그루이다.

우산이끼과 이끼는 엽상체에 컵 모양의 무성아기가 있고, 수그루의 웅기탁에 어느 정도 길이의 자루가 달리며, 암그루의 암기탁에 수정되지 않아도 자루가 자란다는 특징이 있다.

컵 모양의 무성아기. 엽상체는 물가에서 자라면 검은 선이 생긴다.

이 종은 원예 애호가 사이에서는 '정원을 망치는 방해물'이며, 일본에서는 교과서에 대표적인 태류 식물로 소개될 정도로 가장 잘 알려진 종 중 하나이다. 자기탁은 봄~초여름, 가을~초겨울에 자루가 자란다.

메모 아종(종의 하위 분류군)에 야치제니고케(*Marchantia polymorpha* subsp. *polymorpha*)가 있다. 엽상체 중앙에 두껍고 명료한 검은 선이 있고, 복인편 모양이 이 종과 다르다. 산지의 물가나 저온 용수에서 발견되고 있다.

두깃우산이끼

[발견 확률 ★★★]

우산이끼과 *Marchantia paleacea* subsp. *diptera* 마르샨티아 팔레아케아 디프테라

암그루. 미수정된 자기상

수그루의 웅기탁

수정에 성공한 암그루는 자기탁의 머리 부분이 균등하게 9개로 갈라져 있다. (8월 나라현)

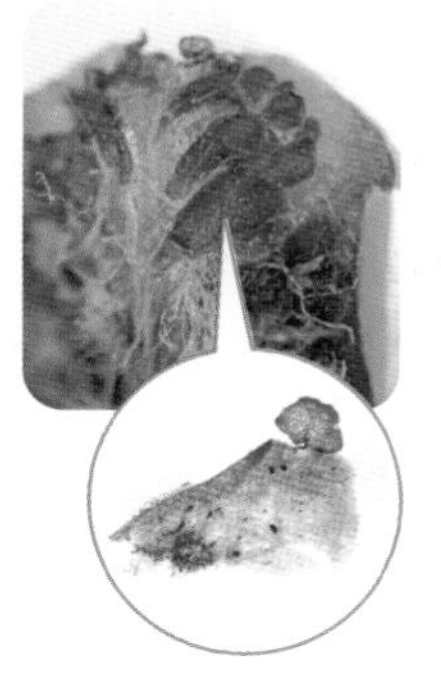

복면에 적자색의 복인편이 있다. 끝이 주먹 같은 원 모양이고 전연의 부속물이 있는 점이 특징이다.

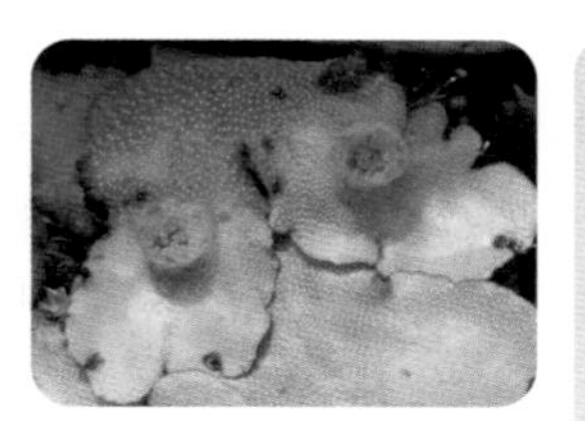

엽상체의 가장자리는 적자색이다. 컵 모양의 무성아기가 있다.

생육 장소 저지대~산지대 음지~반음지의 젖은 흙 위나 바위 위. 제방이나 정원의 돌담 등

분포 동아시아

형태·크기 엽상체는 길이 3~5cm, 폭 6~12mm이며, 가장자리와 복면이 적자색이다. 복인편은 4열이며 적자색이다. 포자는 황색이다. 암수딴그루이다.

크기는 제니고케와 비슷하지만, 광택이 있고 흰색이 도는 녹색이며, 엽상체의 가장자리와 이면(복면)이 적자색을 띠기 때문에 제니고케와의 구별은 쉽다. 또한, 수정의 유무로 자기상의 형상이 바뀌는 특징이 있다. 수정이 되면 자기상은 예쁜 우산 모양으로 변하며, 미수정 상태면 하트 모양(날개 두 개)이 된다.

메모 일본에서는 주로 서일본에서 발견된다. 동일본에서는 제니고케 쪽이 훨씬 일반적이다.

[발견 확률 ★★★]

도사노제니고케

우산이끼과 ***Marchantia papillata*** **subsp.** ***grossibarba*** 마르샨티아 파필라타 그로시바르바

암그루의 암기상
(촬영: 티엔 숑쩡)

수그루의 웅기상
(촬영: 티엔 숑쩡)

암수딴그루. 사진 좌측의 엽상체는 무성아기가 달려 있다. (9월 야마구치현)

생육 장소 저지대~산지대 반음지의 젖은 흙 위나 바위 위. 계곡의 가장자리 등. 도심의 돌바닥 틈이나 돌담 등에서도 발견된다.
분포 동아시아~동남아시아
형태·크기 엽상체는 길이 2~3cm, 폭 3~4mm이다. 자기상은 열편이 5~8개로 갈라지며, 웅기상은 열편이 한쪽으로 치우쳐 있다. 포자는 황색이다.

우산이끼과 중에서 가장 작다. 엽상체의 길이는 2~3cm이며 광택이 있고 중앙에 분명한 검은 줄기가 있다(흔적 같은 옅은 선일 때도 있다). 암그루는 자기상의 열편이 5개에서 최대 8개 정도다. 수그루는 웅기상이 180° 정도 열리고 열편이 한쪽에 몰려 있는 것이 특징이다. 특히 시코쿠 지방에 많이 분포한다.

근연종은 구사비제니고케(*Marchantia emarginata* subsp. *cuneiloba*)이다. 엽상체의 중앙에 검은 줄기가 없고, 자기상의 열편 수는 최대 13개 정도로 많은 편이다. 웅기상은 열편이 방사형으로 펼쳐지는 것이 특징이다. 또한 도사노제니고케보다 남방에서 많이 발견되는데, 규슈 이남을 중심으로 분포한다.

메모 도사노제니고케는 변이가 큰 종이라고 여겨지며, 최근까지 구사비제니고케는 도사노제니고케와 같은 종으로 보았다. 하지만 분자계통해석 결과나 형태의 세세한 차이를 근거로 지금은 다른 종으로 분류한다.

야와라제니고케

[발견 확률 ★★★]

모노솔레니움과 *Monosolenium tenerum* 모노솔레니움 테네룸

공원의 수로에서. 엽상체가 보이지 않을 정도로 자기탁이 풍성하게 자라 있다. (3월 나라현)

생육 장소 인가 주변이나 정원, 온실 등의 질소 성분이 풍부한 흙 위

분포 동아시아, 히말라야, 자바, 인도, 하와이 제도

형태·크기 엽상체는 길이 2~4cm, 폭 5~8mm이며 표면에 하얀 점(유체 세포)이 있다. 웅기탁은 자루가 거의 없고, 웅기상은 접시 모양이다. 자기탁은 자루의 길이가 몇 mm이며, 자기상은 2단 접시 모양으로 가장자리가 주름졌다. 무성아는 없다.

질소 성분이 풍부한 환경에 갑자기 나타나서는 몇 년 후 사라지는 신출귀몰한 이끼다. 엽상체는 녹색이며, 털우산이끼(174쪽)와 분위기가 비슷하지만, 이 종에는 하얀 점들(커다란 유체를 포함한 유체 세포)이 전체에 퍼져 있어 구별이 가능하다.

하얀 점이 유체 세포다.

일본의 「환경성 레드리스트」에서는 멸종위기 2급으로 분류된 희귀종이지만, 최근에는 수족관에 쓰는 수초로 재배되어 유통되고 있다.

메모 옛날에는 수세식 화장실이 도입되기 전의 외부 화장실 근처나 하수구, 논밭 등에서 자주 볼 수 있었다고 한다. 하지만 현재는 생육지가 줄고 있다. 필자는 나라 공원에서 이 종을 확인했는데, 사슴에게서 나온 유기물이 풍부한 곳이라 볼 수 있었다고 생각한다.

둥근이끼과 친구들

둥근이끼과 ***Ricciaceae*** 릭키아시

우로코하타케고케(*Riccia lamellosa*). 주로 관동 지방 평야에서 발견된다.

밭둥근이끼. 밭의 젖은 흙 위에서 자란다.

물긴가지이끼. 물 속이나 수면, 젖은 흙 위에서 자란다.

간하타케고케(*Riccia nipponica*). 가을~겨울에 볼 수 있으며, 긴키 지방에 많다.

둥근이끼과는 이른바 '밭이끼 친구들'이라고도 불리는 그룹으로 한국에는 약 9종, 일본에는 17종 정도 알려져 있다. 별명처럼 주로 밭이나 논에서 자란다. 대부분은 그 흙 위에서 살지만, 도심의 공원 등 볕이 좋은 젖은 흙 위에서 발견되는 밭이끼류도 있다. 또한, 은행이끼나 물긴가지이끼처럼 흙 위뿐만 아니라 수면 위를 떠다니거나 물속에서 자라는 종도 있다.

항상 사람이 사는 곳에서 가까운 장소를 좋아하는 점, 엽상체가 2갈래로 가지치는 점, 포자체가 엽상체 속에서 성숙하는 점, 엽상체가 썩음으로써 포자를 분산시키는 점 등의 공통점을 알면 밭이끼 친구들을 식별하기는 쉽다. 하지만 종을 구별할 때는 엽상체에 생기는 홈의 모양이나 포자 표면의 모양 등 각각의 미세한 차이를 살펴야 하므로 초심자에게는 구별이 어려울 때가 많다.

엽상체가 썩어서 검은 알갱이의 포자체가 드러난 밭둥근이끼

은행이끼

[발견 확률 ★★★]

둥근이끼과 ***Ricciocarpos natans*** 릭키오카르포스 나탄스

논의 수면 위를 떠다니는 군락. 농사에 사용하는 제초제 등의 영향으로 그 수가 계속 감소하고 있다. (6월 미야자키현)

생육 장소 논, 늪, 연못. 때로는 밭의 흙 위에서도 자란다

분포 세계 각지

형태·크기 엽상체는 길이 1~1.5cm, 폭 4~8mm이며, 표면에 얕은 홈이 선 모양으로 들어가 있다. 또 추위에 노출되면 적자색을 띠기도 한다. 수상형은 복면에 흑자색의 복인편이 아래로 늘어지듯 발달하지만, 토상형은 복인편이 발달하지 않고 헛뿌리가 자란다. 생식기관은 엽상체 속에 묻혀 있다. 암수한그루이다.

논 등의 수면에 떠서 사는 이끼 중에서도 드문 타입이다. 이름처럼 겉모습이 은행잎과 비슷하고, 엽상체가 반원 이상으로 성장하면 2개로 분열해 증식한다.

가을에 농사용 흙 위로 자란 상태
(촬영: 마쓰모토 미쓰)

또한, 가을 이후에 논의 물이 떨어져도 진흙 위에서 그대로 자라며, 따듯한 땅에서 월동한다. 추위에 노출되면 적자색으로 물들기도 한다. 논이나 저수지에서 자란다.

메모 포자체는 여름~초가을에 성숙한다. 엽상체의 중앙 홈에 묻혀 있고, 성숙하면 검은 포자가 루페로 확인된다.

[발견 확률 ★★★]

나가사키쓰노고케

뿔이끼과 *Anthoceros agrestis* 안토케로스 아그레스티스

뿔 끝이 파랗고 아직 다 자라지 않은 상태이다. 이런 때는 종의 구별이 어렵다. 암수한그루이다. (5월 오사카부)

생육 장소 저지대의 해가 잘 드는, 약간 젖은 흙 위. 공원의 화단, 정원이나 밭, 논의 맨땅 등
분포 북반구, 아프리카
형태·크기 엽상체는 로제트 모양~부정형이다. 로제트의 지름은 1~1.5cm이며, 가장자리가 불규칙하게 주름진다. 삭은 뿔 모양으로 길이 1~2cm이다. 포자는 흑색이다.

마당뿔이끼. 삭의 끝이 다갈색~황색이다.
(촬영: 하토 다케히토)

한국에 알려져 있는 각태류는 약 6종이다. 각태류의 대부분이 저지대에서 자란다.

그중에서도 이 종은 저지대에서 가장 흔하게 발견된다. 뿔은 어릴 때는 녹색이지만, 포자가 성숙하면 끝이 흑색~갈색으로 변하고, 세로로 갈라져 흑색의 포자와 탄사를 방출한다.

근연종으로는 마당뿔이끼가 있다. 생육 장소도 외견도 비슷하지만, 삭이 성숙하면 황색의 포자가 만들어지므로 삭의 끝이 다갈색~황색으로 변한다. 성숙했을 때의 뿔 색깔로 두 종을 구별할 수 있다.

메모 '선태류'라는 말에 각태류를 뜻하는 글자가 없는 까닭은 각태류, 즉 뿔이끼류를 이미 태류의 1군으로 보고 있기 때문이다.

수악뿔이끼

[발견 확률 ★★★]

뿔이끼과 *Megaceros flagellaris* 메가케로스 플라겔라리스

계곡의 젖은 바위 위. 삭의 끝이 갈색이며, 사진은 포자를 산포하고 있는 모습이다. (4월 후쿠오카현)

생육 장소 저지대~산지대의 계곡 옆 그늘진 젖은 바위 위 등

분포 동아시아~멜라네시아, 히말라야, 하와이

형태·크기 엽상체는 부정형이며, 불규칙하게 가지가 갈라진다. 길이 3~5cm, 폭 5~8mm이며, 가장자리가 주름진 톱니 모양이다. 삭은 뿔 모양으로 길이 2~4cm이다. 포자는 황록색이다.

숲속의 계곡 옆 젖은 바위 위나 폭포 주변 바위벽 등 물가를 좋아하는 뿔이끼다. 가끔 물에 잠긴 것 같은 장소에서도 자란다. 어두운 녹색으로, 엽상체가 서로 겹쳐 납작하게 군락을 이룬다. 포자는 황록색이다. 다년생으로 삭이 되는 뿔은 거의 계절에 상관없이 볼 수 있다. 암수딴그루이다.

항상 물에 젖어 있는 장소에서 자라는 종이 이 종뿐이라서 생육환경으로 다른 각태류와 구별하기 쉽다. 물가의 바위 위에 생긴 뿔이끼 군락을 본다면, 일단 수악뿔이끼라고 생각해도 된다.

메모 일문명은 '아나나시츠노고케'이다. '삭에 기공(아나)이 없는 것(나시)'이라는 의미가 있다.

[발견 확률 ★★★]

짧은뿔이끼

짧은뿔이끼과 *Notothylas orbicularis* 노토실라스 오르비쿨라리스

삭은 성숙할 때까지 포막에 싸여 있고, 성숙해도 엎어 놓은 모양 그대로다. 암수한그루이다. (10월 도쿄도)

생육 장소 벼를 벤 후의 논 흙 위나 논두렁의 약간 밝고 젖은 흙 위

분포 아프리카, 유럽, 북미

형태·크기 엽상체는 로제트 모양~부정형이다. 로제트의 지름은 길이 1~2cm로 가장자리가 규칙적으로 잘려 있다. 삭은 길이 3~4mm이며, 표면에 명료한 검은 선이 있다. 포자는 황색이다.

한국에 알려진 짧은뿔이끼과 이끼에는 이 종을 포함하여 마당뿔이끼(184쪽 하단), 혹뿔이끼 등이 있다. 뿔(삭)은 뿔이끼과처럼 위로 뻗지 않고, 엽상체 위에 엎어진 모양새로 자란다. 또 삭 자체도 짧다. 삭은 여름~늦가을에 성숙한다.

짧은뿔이끼의 포자는 황색이다. 한편 일본에는 같은 속의 야마토쓰노고케모도키(*Notothylas temperata*)라는 종이 있는데, 일본 서남부 지역에 널리 분포하며, 포자는 흑색이다. 두 종 모두 한데 섞여 자라기도 해서 정확한 구별은 포자를 확인해야 한다.

야마토쓰노고케모도키. 삭이 성숙하면 흑색의 포자가 비쳐 보인다.

메모 과는 짧은뿔이끼과로 동일하지만, 짧은뿔이끼속에 속하는 이 종과 달리 마당뿔이끼와 혹뿔이끼는 마당뿔이끼속으로 분류된다.

용어 해설

경엽체 줄기와 잎의 구별이 뚜렷한 배우체. 모든 선류와 태류 대부분이 이런 구조이다. ⟷ 엽상체

구환 선류의 삭 중에서 삭의 입과 삭개 사이에 있는 세포 고리.

권축 태류의 잎이 건조할 때 두드러지게 돌돌 오그라들어 말리는 현상.

기실 우산이끼 친구들의 엽상체 내부에 있는 작은 방 모양의 공간.

기실공 외부에서 기실로 통하는 작은 구멍. 기공과 다르게 열고 닫히지 않는다.

까끄라기(망) 선류 잎끝에 털이나 바늘 모양처럼 뾰족한 부분. 대부분 투명하다. 중륵맥이 돌출하여 생기는 경우와 엽신이 자라 생기는 경우가 있다.

내곡 잎의 가장자리가 줄기 방향(복면측)으로 말린 상태. ⟷ 외곡

무성아 배우체 또는 원사체의 일부가 변형되어 생긴 무성적인 번식체. 줄기 끝, 잎의 연결 부분이나 가장자리, 엽상체의 가장자리나 표면에 만들어진다. 유성적인 번식 방법(포자)이 잘 산포되지 않는 경우를 대비해서 이끼 대부분이 이 같은 무성아적 번식 방법도 갖고 있다.

무성아기 무성아가 들어 있는 기관으로, 대부분 컵 모양이다. 우산이끼속의 무성아기는 별따로 배상체라고 한다.

배면 이끼를 봤을 때 겉 부분으로 보이는 면. 생육 기물이 닿지 않는 면. ⟷ 복면

배우체 생식기관을 갖춘 식물체. 이끼의 본체를 말한다. 포자가 발아하면 원사체가 생기고, 그 원사체 위에 생긴 싹이 성장해서 배우체가 된다. 배우체는 줄기, 잎, 헛뿌리 순으로 만들어지고, 조란기 또는 조정기가 생긴다. ⟷ 포자체

배편 태류의 잎이 2갈래로 갈라져서 둘로 접혔을 때 배측(바깥쪽)에 있는 열편을 말한다. 복편보다 큰 경우가 많고, '잎'이라고 불릴 때가 많다. ⟷ 복편

복면 이끼를 봤을 때 안쪽으로 보이는 면. 생육 기물이 닿는 면. ⟷ 배면

복엽 경엽체의 잎이 3열인 경우, 줄기나 가지의 복측(안쪽)에 1열로 줄 지어 달린 잎. ⟷ 측엽

복인편 태류의 엽상체의 복측(안쪽)에 규칙적으로 줄지어 있는 비늘 조각(인편) 모양의 구조를 한 것.

복편 태류의 잎이 2갈래로 갈려서 둘로 접혔을 때 복측(안쪽)에 있는 열편을 말한다. ⟷ 배편

삭 포자낭이라고도 부르며, 포자체 끝에 있는 포자가 들어간 부분. 항아리 같은 모양이 많다. 하나의 삭 속의 포자 수는 종에 따라 수십 개에서 수백만 개로 제각각이다.

삭개 선류의 삭 끝에 있고, 삭이 성숙할 때까지 항아리 입 부분을 막아서 안에 있는 포자가 밖으로 나오

는 것을 막는 역할을 한다.

삭모 포자를 만드는 삭이 아직 어려서 상처가 나고 건조해지기 쉬울 때에 바깥 부분을 푹 덮어 지키는 모자 같은 것. 선류에만 있다. 태류의 것은 캘리프트라라고 한다.

삭병 포자체의 일부분으로 삭 아래에 있고, 삭을 지상에서 높이 들어 올려 포자를 바람에 싣는 역할을 하는 자루. 길이는 종에 따라 다양하다. 선류의 삭병은 어린 상태에선 녹색인데, 성숙하면 적갈색이나 황갈색으로 변한다. 대부분은 수개월~1년 정도 시들지 않고 남아 있다. 태류의 삭병은 투명에 가까운 백색이 많고, 대부분이 수일 사이에 썩는다.

삭치 선류의 포자 산포량과 산포 타이밍을 조절하는 기관. 삭의 개구부를 빗살이 가장자리를 두른 것 같은 모양이므로, 삭개가 떨어질 때 나타난다. 종에 따라 배열이 1열인 것과 2열인 것이 있다.

생육 기물 흙, 바위, 난무 줄기 등 이끼가 붙어 사는 것. '기물'이라고도 한다.

실로카우레 조란기를 둘러싼 배우체 조직이 변화하여 생긴 것으로, 어린 포자체를 보호하는 역할을 하는 기관이다. 가늘고 긴 통 모양이다. 주로 털가시잎이끼과나 털이끼과와 같은 태류에서 나타난다.

안점 세포 태류의 잎에 있는 유체(세포 함유물)가 가득한 세포. 다른 세포와 색깔이나 모양이 다르다.

암수딴그루 조란기와 조정기가 각각 다른 식물체에 있는 것. 암그루와 수그루로 나뉜다. ↔ 암수한그루

암수한그루 조란기와 조정기가 같은 식물체에 있는 것. ↔ 암수딴그루

열편 잎끝이나 우산이끼과의 웅기상·자기상 등의 끝이 갈려 몇 개로 나뉜 상태의 한 조각.

엽상체 줄기와 잎을 구별하기 힘든 납작한 잎 모양의 배우체. 이런 구조는 태류(주로 우산이끼 친구들)와 각태류에서 보인다. ↔ 경엽체

엽액 잎이 달린 부분으로 잎과 줄기로 둘러싸인 갈래 모양의 부분을 가리킨다. 선류에는 엽액에 무성아를 형성하는 종이 많다.

외곡 잎의 가장자리가 줄기와 반대 방향(배면 측)으로 말린 상태. ↔ 내곡

웅기상 웅기탁의 머리 부분에 있는 우산·접시 모양의 부분. 조정기가 모여 붙어 있다.

웅기탁 우산이끼나 패랭이우산이끼 등의 수그루에 조정기가 달릴 때 생기는 기관. 우산이끼에서는 자루가 있어 그 끝이 접시 모양으로 물을 담아 두는 구조다. 패랭이우산이끼에서는 자루가 없는 타원형이며 두껍다.

웅포엽 경엽체인 이끼에서 조정기를 보호하는 잎. 일반적인 잎의 모양과는 다를 때가 많다.

웅화반 조정기가 줄기 끝에 모여 접시 모양의 구조가 된 것. 종자식물의 꽃처럼 보인다.

원사체 포자가 발아하여 생긴 다세포의 실 모양이나 덩어리 모양의 것. 원사체 위에 생긴 싹이 성장하면 줄기나 잎을 가진 배우체가 된다.

유체 태류에서만 볼 수 있는 세포 내 구조물로, 내부에 기름 등의 물질이 있다. 유체의 수, 색, 모양, 내부 구조는 다양하며, 한편 분류군에 따라 달라서 종을 구별할 때 매우 도움이 된다. 하지만 세포가 죽으면 바로 붕괴하기 때문에 신선한 상태에서만 관찰할 수 있다는 단점이 있다.

자기상 자기탁의 머리 부분에 있는 우산 모양의 부분. 조란기가 모여 있다.

자기탁 우산이끼나 패랭이우산이끼 등의 암그루에 조란기가 달릴 때 만들어지는, 자루를 가지고 그 끝이 우산 모양인 기관. 우산 부분은 자기상이라고 불린다. 수그루가 만드는 웅기탁보다도 키가 크고 눈에 띈다.

자포엽 경엽체인 이끼에서 조란기를 보호하는 잎. 일반적인 잎과는 모양이 다른 경우가 많다.

조란기 암그루의 생식기관. 난자가 만들어진다.

조정기 수그루의 생식기관. 정자가 만들어진다.

중륵맥 선류의 잎에 있는, 잎 중앙에 보이는 잎맥. 종에 따라서 길고 짧으며, 보통은 한두 개가 있다. 또, 태류인 우산이끼 친구들이나 리본이끼 친구들의 경엽체 중앙에 있는 두꺼운 잎맥 부분을 가리키기도 한다.

축주 선류와 각태류의 삭에 있는 삭의 중심을 세로로 달리는 축.

측엽 경엽체의 잎이 3열일 때 줄기나 가지 좌우, 혹은 겨드랑이 부분에 달리는 잎. 보통은 '잎'이라고 부른다. ←→ 복엽

투명첨 선류 잎끝에 투명하고 뾰족한 부분.

편지 비늘 조각 모양의 잎이 달리는 채찍 모양의 가지. 보통의 가지와는 다르며, 지면을 향해 아래로 뻗는 것이 많다. 식물체의 안정을 돕는다.

포막 엽상체인 태류, 각태류에서 조란기·조정기를 보호하는 막 모양의 조직. 웅포막, 자포막이 있다.

포자 자손을 남기기 위해 만들어졌으며 종자식물의 종자에 해당하는 기능을 한다. 포자체의 삭 속에서 만들어진다. 알갱이 하나하나가 눈에 보이지 않을 정도로 작은 가루 상태에 가벼워서 바람에 날리기 쉽다는 이점이 있다. 발아하면 원사체와 헛뿌리가 생긴다.

포자체 정자가 물속을 헤엄쳐 무사히 난자와 수정한 결과 생기는 식물체로, 포자를 만드는 몸체. 암컷 배우체 위에 생긴다. 포자를 만드는 삭·삭을 들어 올리는 봉 모양의 삭병·배우체와 이어지는 파묻힌 부분(족), 이렇게 3가지 부분으로 되어 있다. ←→ 배우체

헛뿌리 흙, 바위, 나무줄기 등에 들러붙기 위한 털 같은 기관. 관다발 식물의 뿌리와 다르게 물이나 양분을 적극적으로 흡수하는 역할은 그다지 하지 않는다.

화피 태류의 포자체를 보호하는 기관. 일반적으로 주머니 모양으로 끝에 입이 벌어져 있다. 자포엽과 조란기 사이에 있다.

【 협력 】

아카시 하지메/기구치 히로시/구마가이 요시하루/사에키 유지/사키야마 슈쿠이치/시마다테 마사히로/스즈키 히데오/티엔 송쩡/쓰지 구시/나카지마 히로미쓰/하토다케히토/히라오카 쇼자부로/후지이 나오미/후루기 다쓰로/호리우치 유스케/마쓰모토 미츠/미치모리 마사쓰/무라이 마도카/요시다 시게미

【 주요 참고문헌 】

『日本の野生植物 コケ』(岩月善之助 編 / 平凡社)

『新しい植物分類学 II 』(日本植物分類学会 監修, 戸部博・田村実 編著 / 講談社)

『原色日本蘚苔類図鑑』(服部新佐 監修、岩月善之助・水谷正美 共著 / 保育社)

『野外観察ハンドブック 校庭のコケ』(中村俊彦・古木達郎・原田浩 / 全国農村教育協会)

『こけ: その特徴と見分け方』(井上浩／北隆館)

『生きもの好きの自然ガイド このはNo. 7 コケに誘われコケ入門』(文一総合出版)

『日本産タイ類・ツノゴケ類チェックリスト, 2018』(片桐知之・古木達郎)

『自然散策が楽しくなる！コケ図鑑』(古木達郎・木口博史 / 池田書店)

『コケの生物学』(北川尚史 著, しだとこけ談話会 編集 / 研成社)

나가며

2017년에 출판되었던 이 책을 7년 만에 개정증보판으로 이렇게 다시 한번 여러분 앞에 선보일 수 있다니 정말 기쁩니다.

7년 사이에 세상이 많이 바뀌었습니다.

이끼 도감, 원예서, 그림책 등으로 몇 권이나 출판되어, 이끼가 주제인 책이 이상하지 않게 되었습니다. TV, 라디오, 웹사이트 같은 미디어에서도 이끼가 다뤄지는 일이 늘어서 이끼의 인지도가 놀랄 만큼 향상되었습니다. 이끼에 홀린 사람으로서는 이 모든 것이 순풍을 탄 듯한 흐름처럼 느껴집니다.

하지만 이러한 상황을 손 놓고 기뻐할 수만은 없는 일이지요. 다시금 이끼의 목소리에 귀를 기울여야 할 때라고 생각하게 된 사건이 많았습니다.

예를 들어, 자연 상태에서 채집된 이끼가 원예점, 역사, 인터넷 옥션 등에서 당연하게 판매되는 일, 채집한 이끼들로 만든 원예품이 생산·판매되는 일, '에코'나 '자연'을 외치면서 야생의 이끼를 대량으로 사용하는 상업 전시나 예술계 퍼포먼스가 여기저기서 보이는 일 등등 말이죠……. 이런 일들은 이끼나 자연에 대한 찬미가 아니라 그저 자연의 식생이나 생태계를 파괴하는 행위라는 생각이 드는 사람은 저뿐일까요.

2017년 처음 출판할 때 '나아가며'에도 썼던 문장을 다시 실으려고 합니다. 존경하는 인생의 선배 중 한 분인 이자와 마사나 님(은화식물 전문의 사진가로 현재는 분토사)에게 일전에 받은 편지 중에 잊지 못하는 한 구절이 있습니다.

“연구나 취미를 이유로 이끼를 단순히 지적 호기심을 채우기 위한 수단 혹은 심심풀이 대상으로 삼는 데에 그치지 않았으면 좋겠습니다. 생태계 속의 중요한 요소로서 다뤄지기를 바랍니다.”

떨어져 나온 이끼는 아무 말도 하지 못합니다. 자연 속에서 우리는 어떻게 행동할 것인지 인류의 인간성이 시험대에 올랐습니다. 가까운 미래에는 자연에서 채집하지 않고도 이끼가 활용될 수 있길 바랍니다. 지금, 농업으로서의 이끼 재배가 각광을 받기 시작한 일이 부디 좋은 징조라고 믿고 싶습니다.

이 책을 출판하기에 앞서 귀중한 사진과 정보를 제공하고, 종을 판별하는 데에 도움을 받는 등 이번에도 많은 분들께 신세를 졌습니다. 감수자 아키야마 히로유키 님, 일러스트레이터 구라미사요 님, 디자이너 니시노 나오키 님, 담당 편집자 엔도 가오리 님. 초판을 낼 때와 똑같이 팀을 이룬 덕분에 한 번 더 책을 만들 수 있었습니다. 참 행복했습니다. 모든 분께 마음을 담아 감사의 말씀을 올립니다.

이끼처럼 지금까지 보이지 않았던 존재에 의식적으로 눈을 돌리면 이 세계가 실로 사랑스러운 것들로 가득 차 있다는 사실을 깨닫게 됩니다. 앞으로도 이 같은 세상을 탐구하고, 그 매력을 전할 수 있었으면 좋겠습니다.

2024년 4월 후지이 히사코

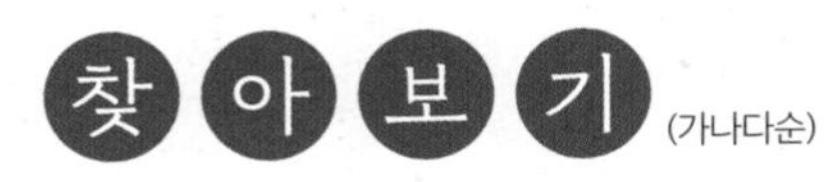

(가나다순)

※ 굵은 부분은 해당 이끼의 주요 해설이 있는 페이지입니다.

ㄹ

ㅁ

ㅂ